Monika A. Pohl

30 Minuten

Business-Meditation

Bibliografische Information der Deutschen Nationalbibliothek

Die Deutsche Nationalbibliothek verzeichnet diese Publikation in der Deutschen Nationalbibliografie; detaillierte bibliografische Daten sind im Internet über http://dnb.d-nb.de abrufbar.

Umschlaggestaltung: die imprimatur, Hainburg
Umschlagkonzept: Martin Zech Design, Bremen
Lektorat: Dr. Sandra Krebs, GABAL Verlag GmbH, Offenbach
Zeichnungen: Peter Gauer, Starzach
Satz: Zerosoft, Timisoara (Rumänien)
Druck und Verarbeitung: Salzland Druck, Staßfurt

Die Abbildungen auf den Seiten 17 und 18 mit freundlicher Genehmigung der Bausinger GmbH, Yogazubehör und Meditationsbedarf: www.bausinger.de

© 2013 GABAL Verlag GmbH, Offenbach

Hinweis:
Das Buch ist sorgfältig erarbeitet worden. Dennoch erfolgen alle Angaben ohne Gewähr. Weder Autorin noch Verlag können für eventuelle Nachteile oder Schäden, die aus den im Buch gemachten Hinweisen resultieren, eine Haftung übernehmen.

Printed in Germany

ISBN 978-3-86936-485-8

In 30 Minuten wissen Sie mehr!

Dieses Buch ist so konzipiert, dass Sie in kurzer Zeit prägnante und fundierte Informationen aufnehmen können. Mithilfe eines Leitsystems werden Sie durch das Buch geführt. Es erlaubt Ihnen, innerhalb Ihres persönlichen Zeitkontingents (von 10 bis 30 Minuten) das Wesentliche zu erfassen.

Kurze Lesezeit
In 30 Minuten können Sie das ganze Buch lesen. Wenn Sie weniger Zeit haben, lesen Sie gezielt nur die Stellen, die für Sie wichtige Informationen beinhalten.

- Alle wichtigen Informationen sind blau gedruckt.

- Schlüsselfragen mit Seitenverweisen zu Beginn eines jeden Kapitels erlauben eine schnelle Orientierung: Sie blättern direkt auf die Seite, die Ihre Wissenslücke schließt.

- *Zahlreiche Zusammenfassungen innerhalb der Kapitel erlauben das schnelle Querlesen.*

- Ein Fast Reader am Ende des Buches fasst alle wichtigen Aspekte zusammen.

- Ein Register erleichtert das Nachschlagen.

Inhalt

Vorwort

Auf zu neuen Ufern!

Unsere Arbeitswelt verändert sich rasant und zugleich steigen die Anforderungen im Berufsalltag. Was bleibt, ist die Verantwortung des Einzelnen, seine Gesundheit zu erhalten, zu fördern und entsprechend seiner Ressourcen zu handeln. Allzu oft vergessen wir dabei, dass die Arbeitszeit auch Lebenszeit ist und unsere Zufriedenheit und Lebensqualität wesentlich mitbestimmt.

Auf den folgenden Seiten erfahren Sie, welchen Beitrag Meditation in diesem Zusammenhang leisten kann und wie Sie in kurzer Zeit und ohne zusätzliche Hilfsmittel mehr Achtsamkeit und Gelassenheit in Ihren Alltag bringen. Denn Meditation fühlt sich nicht nur gut an, sondern hilft Ihnen auch, herauszufinden, welche Gedanken Ihnen Kraft und Freude geben.

Betrachten Sie die Übungen, die ich Ihnen in diesem Buch vorstellen werde, als eine Auswahl an Möglichkeiten, die Sie hoffentlich neugierig erkunden werden, um das Passende für sich zu finden. Beginnen Sie damit, die Zeit zwischen zwei Aufgaben als „Entspannungsbrücke" zu nutzen, um für einen Augenblick ganz präsent zu sein und den Geist zur Ruhe zu bringen. Schon bald werden Sie merken, wie einfach sich Meditationsübungen in Ihre berufliche und private Situation integrieren lassen und welche positiven Auswirkungen sie auf Ihre körperliche und mentale Fitness haben.

Dieses Buch orientiert sich an aktuellen Erkenntnissen der Neurowissenschaft und führt Sie anschaulich in die Praxis der Meditation ein.

In diesem Sinne wünsche ich Ihnen viel Erfolg und eine gute Gesundheit.

Ihre
Monika Alicja Pohl

30 MINUTEN

1. Einführung in die Meditation

Der Begriff „Meditation" beinhaltet eine kulturüber-greifende Mentaltechnik, die sich die Verknüpfung von Körper und Geist zunutze macht. Obwohl sich die Praxis der meditativen Versenkung in vielen Religionen wiederfindet, kann Meditation völlig frei von spirituellen Werten praktiziert werden. Es ist kein Zufall, dass gerade diese Übungsform heutzutage immer mehr an Bedeutung gewinnt und mit einem ruhigen Geist, Wohlbefinden, Selbsterforschung und Entspannung in Verbindung gebracht wird.

Es gibt viele Arten der Meditation. Bei der im Folgenden vorgestellten Auswahl handelt es sich in erster Linie um achtsamkeitsbasierte Techniken in Ruhe und in Bewegung. Dabei liegt der Fokus auf der Selbstregulation in Form von Entschleunigung des Alltagsgeschehens und Entspannung von Körper und Psyche. Wie sich in diesem Zusammenhang positive Effekte auf Emotionen und das Immunsystem einstellen, erfahren Sie auf den nächsten Seiten.

1.1 Mit Meditation Stress und Burnout vorbeugen

Physiologisch gesehen besteht ein enger Zusammenhang zwischen Atmung und vegetativer Erregung, z. B. durch Stress. Denn Stress führt für gewöhnlich zur Muskelanspannung, zu einer vermehrten Ausschüttung von Stresshormonen im Körper, einem erhöhten Blutdruck und einer schnellen und flachen Atmung. Eine gleichmäßige und ruhige Bauchatmung bringt Körper und Geist wieder ins Gleichgewicht, indem die Stressantwort beendet wird und sich die Vorgänge im Körper wieder normalisieren können. Daher wirken sich atembezogene Meditationsübungen sowohl auf physiologischer als auch emotionaler Ebene positiv auf stressgeplagte Personen aus.

Burnout – nein danke

Natürlich gehört Stress zu unserem Leben dazu und kann dieses auch bereichern. Er motiviert uns und spornt uns gelegentlich zu Höchstleistungen an. Nur wenn Stress zum Dauergast wird und ihm die Phasen der Regeneration und Entspannung zunehmend weichen, dann brauchen wir dringend eine Möglichkeit, zu intervenieren.

Je höher die Belastung und der persönliche Stresspegel ist, desto mehr und häufiger kommt es zu Erkrankungen und unspezifischen Symptomen. Längst hat es sich herumgesprochen, dass Körper und Psyche eine Einheit bilden und einander bedingen. Was zunächst als körperliches Symptom beginnt, kann durchaus eine andere Ursache haben und unerkannt nicht nur zu einer großen Belastung für den Betroffenen werden, sondern mit der Zeit eine Abwärtsspirale in Gang bringen, die im schlimmsten Fall im Burnout endet.

Laut aktuellen Studien verursachen psychische Erkrankungen – darunter der Burnout – die längsten Ausfallzeiten im Betrieb. Damit es erst gar nicht so weit kommt, sollten wir präventiv aktiv werden und öfter auf unsere innere Stimme hören. In der Meditation nehmen wir uns Raum und Zeit, ebendies zu tun, und sind somit in der Lage, das Ruder rechtzeitig selbst zu steuern – auf zu neuen Ufern!

Wenn wir mehr Verantwortung für unsere physische und psychische Gesundheit übernehmen, stärken wir gleichzeitig unseren Glauben an die eigenen Fähigkeiten und bringen uns zurück in eine Position, aus der wir Kraft schöpfen können, ohne unentwegt auf andere angewiesen zu sein. Mit einer verbesserten Körperwahrnehmung entwickeln wir auch ein feineres Gespür für Situationen und unsere Mitmenschen. Oft verleiht uns diese neue Fähigkeit eine positive Ausstrahlung, die von der Umwelt als besonders ansprechend bewertet wird. Das sollte uns die Sache wert sein!

Meditation als Hilfe zur Selbsthilfe

Die Übungspraxis der Meditation ist einfach, gut nachvollziehbar und für jeden geeignet – unabhängig vom

Alter, Geschlecht und der körperlichen Fitness. Man kann im Garten beim Unkrautjäten, in Stille auf dem Sitzkissen oder auf dem Bürostuhl vor dem Bildschirm meditieren. Manche meditieren lieber in Bewegung und entscheiden sich daher für eine dynamische Übungsform. Ganz gleich, zu welchem Typ Sie gehören, mit Meditation bringen Sie mehr Achtsamkeit und Gelassenheit in Ihr Leben. Mit etwas Übung werden Sie zum stillen Beobachter Ihrer Gedanken und Gefühle und kommen auf diese Weise in Kontakt mit sich selbst. Sie werden lernen, die Vorgänge nicht zu bewerten und sich und anderen gegenüber eine wohlwollende Haltung einzunehmen.

Achtsamkeitsübungen umfassen alle Sinneskanäle und leiten dazu an, präzise und differenziert wahrzunehmen, ohne vorschnelle Urteile zu fällen. Indem wir lernen, eine Situation oder einen Zustand nicht direkt zu bewerten, verlassen wir unsere gewohnten Muster und gewinnen auf diese Weise Zeit, um uns für eine andere Reaktion zu entscheiden. Mit etwas Übung gelingt es uns, aus einem belastenden Geschehen die Spannung herauszunehmen. So lässt sich dieses besser objektivieren und wird nicht mehr als Bedrohung empfunden.

Alles, was Sie dafür brauchen, ist etwas Neugier, Geduld und Ausdauer. Obwohl Sie keinen Mitgliedsvertrag abschließen müssen, sollten Sie eine Vereinbarung mit sich selbst treffen und eine Zeit lang regelmäßig meditieren. Nach einigen Wochen lehnen Sie sich entspannt zurück und ziehen Bilanz, ob die

Theorie mit Ihren persönlichen Erfahrungen übereinstimmt.

Mehr Lebensbalance als Nebeneffekt

Wer regelmäßig meditiert, kommt oft an den Punkt, an dem Prioritäten neu definiert werden. Plötzlich können Dinge, die zuvor im Vordergrund standen, in den Hintergrund geraten, weil sie durch eine Neubewertung der Situation an Bedeutung und damit an Macht und Einfluss verlieren.

Meditation verleiht uns keine Zauberkräfte, ersetzt nicht eine angezeigte Therapie und ist sicher nicht die Lösung für alle Probleme. Sie stärkt jedoch unsere intuitive Kompetenz und unser Selbstvertrauen. Sie zielt darauf ab, sich der einzelnen Facetten der eigenen Identität bewusst zu werden, eigene Bedürfnisse zu erkennen und dadurch selbstbestimmt agieren zu können. Wenn Sie also über einen langen Zeitraum hinweg Ihre Gesundheit, soziale Kontakte oder ein geliebtes Hobby vernachlässigt haben, ist es jetzt an der Zeit, die Karten neu zu mischen. Räumen Sie allen Bereichen des Lebens Platz in Ihrem Alltag ein:

- der Arbeitsleistung im Beruf und in der Karriere
- dem Körper und Geist durch einen gesunden Lebensstil
- der Familie und Pflege von Beziehungen
- dem Hobby, den Träumen und Visionen

Sie merken sicher jetzt schon, dass Meditation viel mehr ist als nur ein Instrument zur Entspannung. Es ist ein aktiver Prozess, der es Ihnen ermöglicht, tiefer in Ihre Innenwelt einzusteigen. Die Voraussetzung dafür ist die Stressreduktion, die sich einstellt, sobald das Gedankenkarussell aufhört, sich zu drehen.

Meditationstraining hinterlässt Spuren

Zwar haben wir Menschen meist die gleichen Bedürfnisse und streben alle nach Glück im Leben, trotzdem wirkt Meditation nicht auf jeden in gleicher Weise. Dazu sind wir zu individuell und einzigartig als Personen. Trotzdem lassen sich klare Effekte dieser Trainingsform wissenschaftlich belegen. So nimmt z. B. die Dichte der Hirnzellen in bestimmten Arealen, die bei der Stressbewältigung, bei der Regulation der Emotionen und der Ausbildung von Mitgefühl aktiv werden, bei regelmäßiger Übungspraxis zu. Das ist nicht nur ein Grund zum Jubeln, sondern auch ein Hinweis darauf, dass bestimmte Schaltkreise in unserem Gehirn selbst im Erwachsenenalter noch formbar sind.

Auch die Auswirkung häufiger Meditation auf das Immunsystem und damit auf die Selbstheilungskräfte wurde in einigen Studien untersucht. Tatsächlich fand man hierbei vermehrt Botenstoffe, die bei entzündungshemmenden Reaktionen eine wichtige Rolle spielen. Aktuell wird viel geforscht und daran gearbeitet, Meditationstraining verantwortungsvoll im betrieblichen Alltag vieler Unternehmen in Deutschland zu etablieren. Ich hoffe, dieses Buch trägt einen Teil dazu bei.

Meditation stellt eine Form des mentalen Trainings dar, das sich ganzheitlich auf uns auswirkt. Sie hilft uns, den Herausforderungen des Alltags mit mehr Ruhe und Gelassenheit zu begegnen, und initiiert aktuell eine Neubewertung von Gesundheit und Wohlbefinden in der Arbeitswelt.

30

1.2 Unterstützende Haltungen, Gesten und Formeln

Bevor Sie mit der Meditation beginnen, möchte ich Ihnen einige Sitzhaltungen, Hand- und Fingergesten sowie formelhafte Sätze vorstellen und erläutern, was es mit ihnen auf sich hat. In erster Linie sollen sie Ihre Übungspraxis unterstützen und die innere Ausrichtung und Konzentration zu halten helfen. Manchmal nehmen wir eine bestimmte Haltung sogar intuitiv ein oder wir machen eine Geste aus Gewohnheit. Ohne uns dessen bewusst zu sein, bringen wir unsere Finger und Hände in eine bestimmte Position, die uns dabei unterstützt, wach und klar zu bleiben oder z. B. bei einer Präsentation mehr Souveränität auszustrahlen. Und wir stimmen uns bewusst auf eine Herausforderung ein, indem wir uns selbst Mut zusprechen: „Das wird schon gut gehen."

Die richtige Meditationshaltung finden
Die klassische Variante der Meditation ist die Sitzmeditation. Allerdings sind wir es trotz Bewegungsarmut in

unserem Kulturkreis nicht gewohnt, über einen längeren Zeitraum still zu sitzen. Dabei ist der aufrechte Sitz ein wesentlicher Schlüssel zur erfolgreichen Übungspraxis, denn unsere Haltung dem Leben gegenüber spiegelt sich oft in unserer Körperhaltung wider. Eine gebeugte Haltung zeugt von Last und Druck auf den Schultern sowie einem Mangel an Zuversicht. Sobald wir uns wieder aufrichten und den Kopf heben, verändern wir gleichzeitig unsere Sichtweise und richten den Blick nach vorn. In der Meditation streben wir durch die möglichst aufrechte Haltung zugleich einen aufrechten Geist an.

Es gibt nichts, was Sie sich selbst vormachen müssen. Seien Sie also authentisch und offen für die Gedanken und Gefühle, die Sie wahrnehmen werden. Versuchen Sie, diese nicht zu bewerten, einzuordnen, zu kommentieren oder zu beeinflussen. Hier einige Sitzhaltungen, die Sie ausprobieren sollten:

1. **Halber Lotussitz (Abb. 1)** auf einem Meditationskissen. Der Oberkörper ist aufgerichtet, der Nacken lang und die Schultern sind entspannt. Beide Füße werden nacheinander mit den Fersen vor dem Gesäß in der Körpermitte ausgerichtet. Die Hände ruhen mit den Handinnenflächen auf den Oberschenkeln.
2. **Schneidersitz (Abb. 2)** mit Unterstützung der Beine durch ein Kissen oder eine gefaltete Decke. Die Hände zeigen hier das Jnana Mudra als Geste.

3. Schmetterlingssitz (Abb. 3) mit den Fußsohlen zueinander. Die Hände umfassen die Füße, alternativ können Sie mit dem Zeigefinger die beiden Großzehen halten. Durch einen sanften Zug richten Sie den Oberkörper auf.

1.

2.

3.

4. Pharaonensitz (Abb. 4) auf dem (Büro-)Stuhl. Aufrechte Sitzhaltung. Beide Füße haben Kontakt mit dem Boden, die Hände ruhen entspannt auf den Oberschenkeln.

5. Diamantsitz (Abb. 5) auf der Meditationsbank. Erhöhte Sitzmöglichkeit auf einem Meditationsbänkchen. Die Hände zeigen hier das Dhyana Mudra.

6. Fersensitz (Abb. 6) mit Knierolle. Bei dieser Sitzvariante wird der Fußrücken durch eine Rolle gestützt. Die Hände ruhen entspannt im Schoß.

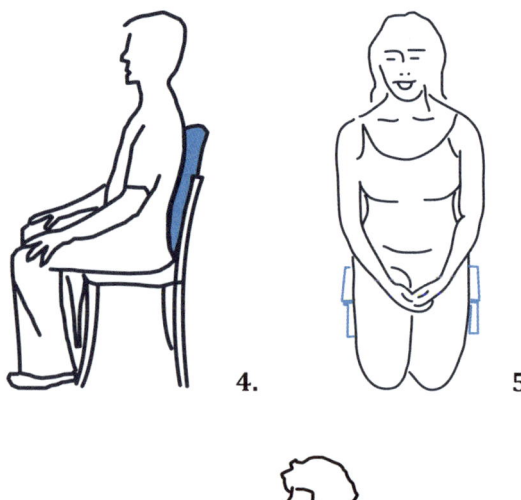

4.

5.

6.

Fingermudras als Anker nutzen

Durch bestimmte Finger- und Handstellungen lässt sich die Konzentration vertiefen und, aus der Sicht der östlichen Heilkunst, die Energie bündeln und lenken. Dabei werden durch Akupressur gezielt Druckpunkte stimuliert und wirken sich so harmonisierend auf die zugeordneten Organe und Körperstrukturen aus.

Manche Mudras, wie z. B. die Gebetshaltung der Hände oder die Öffnung der Handflächen nach oben, haben auch einen symbolischen Charakter und sind Teil unserer Körpersprache. Umgekehrt können wir sie auch dazu nutzen, unsere Aufmerksamkeit von außen nach innen zu führen. Sie helfen uns dabei, uns zu zentrieren und das neu erworbene Bewusstsein zu schärfen.

Für welche Haltung Sie sich entscheiden, liegt buchstäblich ganz in Ihren Händen. Es spricht auch nichts dagegen, diese von Übung zu Übung zu variieren. Sie können ebenso gut Ihr ganz eigenes Mudra kreieren. Sorgen Sie dabei für Leichtigkeit und Wohlgefühl. Hier eine kleine Auswahl zum Ausprobieren:

1. **Dhyana Mudra (Abb. 7)**: Legen Sie eine Hand in die andere, sodass die Handflächen nach oben zeigen und die Fingerspitzen der Daumen sich berühren. Halten Sie die Hände im Schoß oder vor dem Unterbauch.

2. **Jnana Mudra (Abb. 8)**: Führen Sie Zeigefinger und Daumen zusammen, sodass beide einen Kreis

bilden. Während Ihre Handrücken entspannt auf den Oberschenkeln ruhen, zeigen beide Handflächen nach oben.

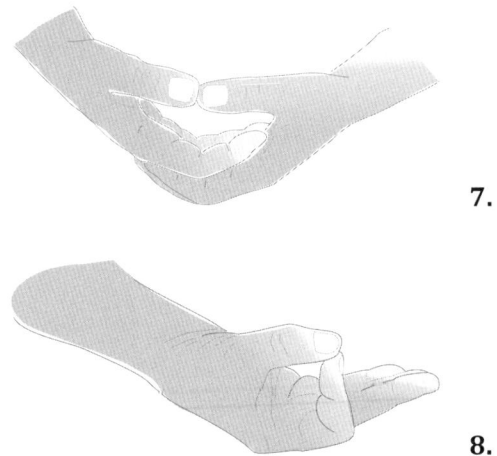

7.

8.

3. **Hakini Mudra (Abb. 9)**: Legen Sie die Fingerkuppen beider Hände aneinander und üben Sie dabei einen sanften Druck aus. Halten Sie die Hände im Schoß oder vor dem Unterbauch.

4. **Kshepana Mudra (Abb. 10)**: Falten Sie die Hände und strecken Sie beide Zeigefinger aus. Die Daumen können parallel oder über Kreuz liegen. Halten Sie die Hände auch hier im Schoß oder wie zum Gebet vor dem Brustkorb.

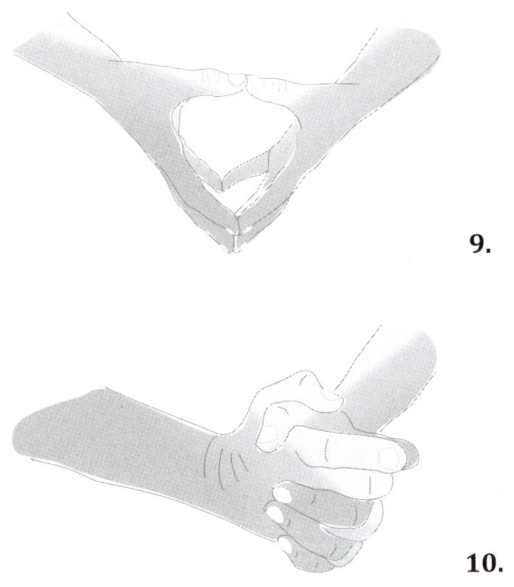

9.

10.

Allen vier Handhaltungen wird die Wirkung, den Geist wach und konzentriert zu halten, zugeschrieben. Sie helfen, sich zu sammeln und die Übungspraxis zu vertiefen. Die Bezeichnungen sind der altindischen Sprache (Sanskrit) entnommen. So werden diese Gesten noch heute in den meisten Yoga- und Meditationsschulen bezeichnet.

Die Kraft der Affirmationen nutzen

Mantras sind formelhafte Glaubenssätze oder Weisheiten, die uns prägen. Nicht selten entscheidet ihre

Ausrichtung über die Qualität unseres Lebens. Sicher kennen Sie die Silbe „Om" als Friedensmantra der Yogabewegung oder das „Halleluja" als christliches Mantra der Lobpreisung und des Dankes. Vielleicht fallen Ihnen spontan einige Sätze ein, die Sie in Ihrer Kindheit, Ausbildungs- oder Elternzeit begleitet haben. Manche gaben Ihnen Halt und spornten Sie an, andere wiederum nahmen Ihnen die Motivation oder drückten Frust aus. Denken Sie einmal darüber nach, welche Affirmationen Sie im Alltag heute begleiten und welche Wirkung diese auf Sie haben. Es liegt ganz in Ihrer Einstellung zum Leben, diese in positive Bilder zu transformieren und sie gerade dann zu nutzen, wenn sich Stress oder Unbehagen breitmachen. In Form eines mentalen Trainings können Sie sich so auf unliebsame Aufgaben einstimmen oder Menschen entgegentreten, die Sie nicht so gern um sich haben. Hier einige Beispiele, an denen Sie sich dabei orientieren können:

- Ich freue mich auf die heutige Herausforderung.
- Ich vertraue dem Leben.
- Ich bin dankbar für …
- Ich bin glücklich.
- Ich bin mit mir zufrieden.
- Ich bin erfolgreich im Beruf.
- Ich bin vollkommen entspannt und ruhig.

Integrieren Sie Ihre individuellen Mantras in die tägliche Meditationspraxis, als Anfangs- oder Abschlussritual. Sie werden bald merken, welche Kraft solche positiv formulierten Glaubenssätze Ihnen verleihen, selbst wenn Sie noch nicht ganz an ihren Inhalt glauben.

Damit aus Ihrer Meditationspraxis eine runde Sache wird, sollten Sie eine aufrechte Haltung wählen, Ihre Hände entspannt positionieren und, wenn Sie mögen, ergänzend einen Leitsatz hinzunehmen, der Ihnen Kraft spendet und Sie mental auf Ihr Vorhaben einstimmt.

30 MINUTEN

Wie lassen sich mit Humor mehr Lebensfreude und Energie für den Tag generieren?

Welchen Nutzen hat eine dynamische Meditation für Ihr persönliches Wohlbefinden?

Was macht den Sonnengruß als Starthilfe am Morgen so besonders?

2. Kurzmeditationen für einen guten Start in den Tag

Die hier vorgestellten Übungen sind angelehnt an die klassische fernöstliche Meditationspraxis. Die Unterscheidung liegt in der Anpassung dieser an die westliche Lebensweise. Während die Übungspraxis der Meditation in den fernöstlichen Kulturen mit dem Ziel der Bewusstseinserweiterung praktiziert wird, stellt sie für den modernen urbanen Menschen in erster Linie eine Technik zur Steigerung der Körperwahrnehmung und Entspannungsfähigkeit dar. Wer tiefer in die Materie einsteigt, entdeckt in dieser Form des Geistestrainings eine neue Konfliktlösungskompetenz, die das Leben in allen Facetten bereichert. In diesem Zusammenhang kann Meditation helfen, sowohl innere persönliche Konflikte als auch Schwierigkeiten bei der Interaktion mit anderen Menschen zu bewältigen.

2.1 Gute-Laune-Meditation

Lachen ist bekanntlich die beste Medizin und sicher eine gute Waffe für den Stressabbau. Auch eine Prise Selbstironie hat noch niemandem geschadet. Ganz im Gegenteil: Manche Menschen werden erst dadurch sympathisch, dass sie über sich selbst lachen können. Allerdings gibt es Tage, da ist uns nicht nach Lachen zumute. Wir fühlen uns erschöpft und müde. Nichts läuft mehr in geordneten Bahnen. Vielleicht haben Sie nicht einmal Lust, aus dem Bett aufzustehen. Dann sollten Sie mehr über die Gelotologie, die Wissenschaft von der Auswirkung des Lachens, erfahren: Lachen hat viele positive Effekte. Es setzt zum einen Glückshormone im Gehirn frei, senkt und stabilisiert den Blutdruck, zum anderen stimuliert es das Immunsystem und beugt auf diese Weise Krankheiten vor. Nicht zuletzt aktiviert das Lachen unser Herz-Kreislauf-System, reduziert Konfliktpotenziale und verändert Sichtweisen. Es führt zu heiterer Gelassenheit, mit der es sich leichter leben lässt. Und was noch viel spannender ist – wir können unseren Körper überlisten, indem wir die Mundwinkel hochziehen und zunächst ein unechtes Lachen ertönen lassen. Wir stimmen uns erst einmal auf das Lachen ein, nutzen unsere mimischen Fähigkeiten und schalten unseren Verstand dabei kurz auf Pause. Sie werden überrascht sein, wie schnell aus dieser Übung ein echtes Lachen entstehen kann.

Mit einem Schmunzeln in den Tag starten ☺

Jeder Tag verdient die Chance, zu den besten Ihres Lebens zu gehören. So stimmen Sie sich positiv auf ihn ein:

(1) Ihr Wecker klingelt, und bevor Sie die Augen öffnen und dem Tag entgegenblicken, nehmen Sie einige ruhige Atemzüge, strecken und recken sich noch im Bett und setzen dabei ganz bewusst ein Lächeln auf.

(2) Statt wie eine Rakete ins Bad zu hetzen, legen Sie sich gemütlich auf den Rücken, lassen Sie die Arme und Beine in die noch warme Matratze sinken und spüren Sie, wie sich Ihr Lächeln allmählich in Ihrem ganzen Körper ausbreitet. Alternativ können Sie sich auch aufrecht ins Bett oder auf die Bettkante setzen.

(3) Atmen Sie dabei möglichst durch die Nase tief in den Bauch ein und wieder aus und lassen Sie das angenehme Gefühl einer inneren Zufriedenheit aufsteigen.

(4) Sie können dabei ein Mantra wählen, das Sie positiv auf den Tag einstimmt. Sprechen Sie es laut oder wiederholen Sie es mehrmals in Gedanken.

(5) Stellen Sie das Lächeln in den Vordergrund und spüren Sie, wie sich nach und nach alle Zellen des Körpers von dem Wohlgefühl anstecken lassen.

(6) Vielleicht gehen Sie dabei in Gedanken Ihren Körper im Gesicht beginnend bis zu den Zehen durch oder stellen sich bildlich vor, wie sich das Lachen

von der Körpermitte wellenartig nach außen ausbreitet und so alle Körperregionen erfasst. Bleiben Sie dabei wach und präsent.

(7) Sollten andere Gedanken auftauchen, versuchen Sie, diese an sich vorbeiziehen zu lassen wie Wolken am Himmel, ohne sich tiefer mit ihnen zu beschäftigen.

Tipp: Um diese Übung in Ruhe ausführen zu können, sollten Sie sich Ihren Wecker am Vorabend um etwa zehn Minuten vor Ihrer gewohnten Aufstehzeit stellen.

☺ *Ein Lachcocktail als Muntermacher*

Sollten Sie sich mit der vorangestellten Variante nicht anfreunden können, taumeln Sie erst einmal in Ruhe ins Bad und starten Sie Ihre Morgenroutine. Abschließend stellen Sie sich vor den Spiegel und mixen sich wie folgt einen Lachcocktail:

(1) Nehmen Sie dazu ein großes imaginäres Glas in eine Hand und füllen dieses pantomimisch mit den Zutaten Ihrer Wahl.

(2) Schütteln Sie dann das Glas von rechts nach links, etwa so, wie Sie das in einem Film oder am Tresen bei einem Barkeeper gesehen haben.

(3) Es liegt ganz an Ihnen, ob Sie sich dabei im Spiegel beobachten oder nicht. Sie können dabei auch Geräusche machen oder aus purer Vorfreude auf den Muntermacher glucksen oder kichern.

(4) Nun heben Sie das Glas, lehnen sich etwas zurück und trinken es genüsslich oder gleich in einem Zug aus.

(5) Beginnen Sie nun laut zu lachen und versuchen Sie, das Gefühl zu erzeugen, die ganze Welt umarmen zu wollen. Bleiben Sie bei dieser Vorstellung und dem Lachen für ein bis zwei Minuten.

(6) Wiederholen Sie die Übung, indem Sie das Cocktailglas in die andere Hand nehmen.

(7) Sollte Ihnen das Schlusslachen für den Anfang zu albern erscheinen, schließen Sie die Augen, ziehen Sie bewusst die Mundwinkel hoch und lassen Sie das Lachen durch Ihren Köper wandern.

(8) Sie werden sich in wenigen Minuten erfrischt und munter fühlen. Blenden Sie dieses Gefühl nach Möglichkeit nicht gleich aus, sondern nehmen Sie es stattdessen mit in den Tag.

Ein Lachen für unterwegs

Damit die gute Laune Sie überallhin begleitet, packen Sie zwei oder drei Lacheinheiten in Ihre Hosen- oder Anzugtasche. Nichts leichter als das:

(1) Lachen Sie in Ihre beiden Handflächen einige Lachstöße hinein und stecken diese dann in die Tasche.

(2) Bei Bedarf, wenn Sie Kraft tanken wollen oder sich über jemanden geärgert haben, packen Sie ein Lachpäckchen pantomimisch oder in Gedanken aus, atmen Sie mehrmals tief ein und aus und lächeln Sie dabei.

(3) Spüren Sie nach. Sie werden merken, es wirkt sofort positiv auf Ihr Wohlbefinden. Der Ärger verfliegt so schnell, wie er gekommen ist.

Tipp: Wenn das Lachen zu Ihren persönlichen Favoriten gehört, dann sollten Sie öfter am Tag das Handy in die Hand nehmen und herzhaft hineinlachen, auch wenn kein anderer in der Leitung ist. Die anderen werden Sie um Ihren Gesprächspartner und Ihre gute Laune beneiden!

 Starten Sie mit Freude in den Tag. Ein fröhliches Lachen wirkt wie ein Antidepressivum auf jeden Morgenmuffel. Mit einem Lachcocktail am Morgen steigern Sie Ihre Ausstrahlung und nutzen zugleich die Macht der Heiterkeit für einen Perspektivwechsel.

2.2 Dynamische Meditation

Wenn Sie eher zu den Personen gehören, die meist ohnehin mit guter Laune aufwachen, sich jedoch vielleicht etwas steif und unbeweglich aus den Federn quälen, dann ist eine aktive Meditation für Sie das Richtige.

 ### *Meditieren in Bewegung*
Dazu setzen Sie sich zunächst einmal auf die Bettkante oder wählen einen aufrechten Stand. Beginnen Sie damit, beide Schultern in großen Bögen nach hinten zu

kreisen und dabei tief durch die Nase zu atmen. Recken und strecken Sie sich mit Genuss. Hören Sie dabei auf die Impulse Ihres Körpers und folgen Sie diesen.

1. Phase: Nach dem Aufwärmen kommen Sie in einen hüftbreiten festen Stand und starten mit einem absichtslosen Atmen, d. h. ohne bestimmten Rhythmus, durch die Nase. Experimentieren Sie mit der Atmung und atmen Sie mal tiefer, mal flacher, mal schneller oder langsamer. Bleiben Sie mit Ihrer Aufmerksamkeit für circa fünf Minuten ganz bei Ihrem Atem und spüren Sie die Energie und Lebendigkeit, die von ihm ausgeht. Lassen Sie Ihren Körper den Bewegungsimpulsen folgen, indem Sie wippen und federn. Schließen Sie Ihre Augen und schütteln Sie alle Gedanken ab, die sich dazwischendrängen wollen.

2. Phase: Jetzt klopfen Sie Ihren Körper systematisch und bewusst mit den Händen ab. Beginnen Sie dabei mit der rechten Hand an der linken Schulter, wandern Sie den Arm hinab und wechseln Sie die Seiten. Vergessen Sie nicht den Nacken, den Brustkorb, das Gesäß und den Bauch. Zum Schluss klopfen Sie auch Ihre Beinmuskulatur aus. Sie können die Klopfungen ganz sanft ausführen oder mit etwas mehr Druck und natürlich können Sie sie auch variieren. An Stellen, wo sich ein besonders angenehmes Gefühl einstellt, können Sie auch etwas länger verweilen. Nehmen Sie sich dafür so viel oder so wenig Zeit, wie Sie wollen.

3. Phase: Spüren Sie mit geschlossenen Augen einen Augenblick nach, im Stehen oder im Sitzen. Genießen Sie die Stille und beobachten Sie Ihren Körper, ohne sich in Gedanken zu verlieren. Nehmen Sie diesen Zustand mit auf den Weg in den Tag hinein.

Diese Form der Meditation wirkt wie ein kraftvoller Kickstart in den Tag, weckt die Lebensenergie und führt gleichzeitig entspannt in die Stille des Augenblicks.

2.3 Der Sonnengruß

Der Sonnengruß, den ich Ihnen hier vorstellen werde, unterscheidet sich von dem klassischen Sonnengruß aus dem Hatha Yoga dadurch, dass hier nicht die aufeinanderfolgenden Körperhaltungen im Vordergrund stehen. Natürlich spricht nichts dagegen, den Gruß an die Sonne – sofern Sie diesen aus der Yogastunde kennen – in meditativer Versenkung am Morgen durchzuführen. Die Haltungen sollten jedoch bereits bekannt sein, da man sonst dem Körper viel mehr schaden als nutzen kann.

 Der Morgengruß an die Sonne
Das Ziel dieser Meditation ist die Steigerung der Vitalität und Energie für den Tag. Betrachten Sie diese Übung als eine mentale Energiedusche. Sie lernen, innere Bil-

der vor Ihrem geistigen Auge entstehen zu lassen, die Ihnen Kraft spenden und die bedrückende Gedanken oder Ängste auflösen können.

(1) Wählen Sie dazu eine der in Kapitel 1.2 vorgestellten Sitzhaltungen oder stellen Sie sich aufrecht hin, wenn möglich mit Blick aus dem Fenster in Richtung Sonne. Wenn es draußen noch dunkel oder bewölkt ist, können Sie die Energie des Lichtes auch in Form einer Kerze bzw. eines Teelichtes nutzen oder Ihre eigene Vorstellungskraft einsetzen.

(2) Atmen Sie ruhig und gleichmäßig.

(3) Mit einem der nächsten tiefen Atemzüge führen Sie beide Arme noch oben neben den Kopf und mit der folgenden Ausatmung legen Sie die Hände übereinander auf die Stelle, wo sich Ihr Herz befindet.

(4) Schließen Sie nun Ihre Augen und stellen Sie sich die Sonne als eine kraftvolle, klare und wärmende Lichtquelle vor, die Sie umgibt.

(5) Ihr Herz stellen Sie sich als eine schöne, geschlossene Lotusblume vor, die ihre Blütenblätter öffnet, sobald sie mit dem Licht von außen in Kontakt kommt.

(6) Atmen Sie bewusst in Ihre Hände und bringen Sie das Licht zu Ihrem Herzen. Beobachten Sie mit Neugier, wie Ihr Körper an Energie und Vitalität gewinnt.

(7) Das Licht breitet sich von Ihrem Herzen weiter aus und erfrischt zunächst die linke Körperhälfte, dann die rechte.

(8) Lassen Sie sich dabei Zeit und spüren Sie nach und nach alle Regionen Ihres Körpers.

(9) Schließlich dringt das Licht auf die mentale Ebene und erreicht Ihren Geist.

(10) Hier vertreibt es Müdigkeit und löst negative Gedanken auf, bevor es Ihnen Klarheit für den Tag schenkt.

(11) Kommen Sie allmählich wieder in den Raum zurück. Nehmen Sie einige tiefe und entspannte Atemzüge und öffnen Sie mit dem nächsten Ausatmen wieder Ihre Augen.

(12) Nehmen Sie dieses Gefühl und die erfrischende Energie mit auf den Weg zur Arbeit.

Tipp: Sollte es Ihnen zunächst schwerfallen, sich auf Ihr Herz als Zentrum der Eigenliebe und Lebensfreude zu fokussieren, können Sie alternativ die Stirnmitte, das sogenannte „Dritte Auge" zwischen den Augenbrauen und über der Nasenwurzel, als Eintrittspunkt des Lichtes wählen.

Zehn Minuten am Morgen reichen aus, um sich auf den Tag einzustimmen. Nutzen Sie diese kostbare Zeit, um entspannt und mit mehr Achtsamkeit den Anforderungen, die an Sie gestellt werden, zu begegnen. Denn nichts ist so wertvoll wie ein guter „Draht" zu sich selbst und seinem Körper. Ganz gleich, ob Sie dabei das Lachen, die Dynamik oder Ihre Vorstellungskraft nutzen.

30

30 MINUTEN

3. Kurzmeditationen für mehr Gelassenheit am Arbeitsplatz

Wenn Sie mit etwas Geduld nach einiger Zeit eine gute Übungspraxis in der Meditation entwickelt haben, wird es Ihnen möglich sein, diese Technik beinahe an jedem Ort und zu jeder Zeit ausüben zu können. Hilfreich ist hierbei der Vorsatz, lieber mit Freude öfter und kurz zu meditieren als lang, aber dafür mit Unlust und vielleicht auch deutlich seltener.

Sollten Sie zu den Nachteulen gehören und um keinen Preis der Welt den Tag früher als unbedingt nötig beginnen, dann planen Sie lieber etwas Zeit während der Arbeit für eine Kurzmeditation ein. Aber machen Sie das unbedingt noch bevor Sie mit der ersten Aufgabe beginnen, sonst wird wahrscheinlich nichts daraus – Sie werden es einfach im Eifer des täglichen Gefechts vergessen und sich hinterher ärgern.

3.1 Atmung als Meditationsobjekt

Der Atem ist unser Lebenselixier. Obwohl wir ihn meist nicht bewusst wahrnehmen, ist er mehr als eine bloße Vitalfunktion. Oft beeinflusst er unsere Stimmung und unser Wohlbefinden. Umgekehrt drückt sich auch unsere Stimmung auf die Art und Weise aus, wie wir atmen. Es besteht demnach ein enger Zusammenhang zwischen der Atmung und der momentanen psychischen und physischen Situation einer Person. Dies können wir uns zunutze machen und den Atem dahingehend lenken, dass er uns als eine Quelle der Kraft und Entspannung dient. Hier einige Übungen, die Sie unbedingt ausprobieren sollten:

☺ ### *Vollatmung in drei Schritten*
Richten Sie sich in Ihrem Bürostuhl einmal ganz bewusst auf. Vielleicht verspüren Sie auch das Bedürfnis, mal aufzustehen, sich zu recken und zu strecken, einmal herzhaft zu gähnen oder einen tiefen, entspannten Seufzer loszulassen.

Danach richten Sie Ihre Aufmerksamkeit ganz bewusst auf Ihren Atem. Versuchen Sie ihn aufmerksam wahrzunehmen und bis tief in den Bauch hinein zu begleiten. Dabei ist der Moment, in dem die Luft die Nase erreicht, ebenso entscheidend wie der Augenblick, in dem die verbrauchte Luft Ihre Nase wieder verlässt.

Bleiben Sie für zwei bis fünf Minuten bei dieser Beobachtung und üben Sie sich darin, für einige Züge noch tiefer zu atmen. Sie können Ihre Augen jederzeit schließen oder den Blick entspannt auf einem fixen Punkt ruhen lassen.

(1) Versuchen Sie als nächsten Schritt, Ihren Atem in den Bereich der Schultern zu lenken. Gern können Sie dazu Ihre Hände auf die Schlüsselbeine oder Ihr Dekolleté legen. Oft lässt sich dadurch die Körperwahrnehmung erhöhen. Spüren Sie für einige Atemzüge, wie sich beim Einatmen die Schultern heben und das Brustbein nach vorn bewegt.

(2) Legen Sie nun Ihre Hände rechts und links auf die unteren Rippenbögen und atmen Sie auch hier bewusst hinein. Sie werden spüren, wie sich beim Einatmen die Rippenbögen voneinander entfernen und mit der Ausatmung wieder einander annähern.

(3) Jetzt legen Sie Ihre Hände auf den Bauch, atmen tief in Ihre Hände hinein und nehmen wahr, wie sich die Bauchdecke beim Einatmen hebt und beim Ausatmen senkt. Lassen Sie sich etwas Zeit, bevor Sie den Versuch starten, mit einem tiefen Atemzug beginnend zunächst den Bauch, dann den Rippen- und schließlich den Schulterraum zu erreichen, um dann lang und entspannt auszuatmen.

Diese einfache Übung kann schon eine echte Herausforderung sein, besonders wenn Sie für gewöhnlich viel am Schreibtisch sitzen und Ihr Atemvolumen dadurch meist eingeschränkt ist. Lassen Sie sich daher nicht entmutigen. Übung macht bekanntlich den Meister. Seien Sie also fleißig und erzwingen Sie nichts. Die Dauer dieser Übung, wie übrigens auch der anderen, bestimmen Sie selbst. Sollte es Ihnen etwas schwindelig werden, machen Sie eine kurze Pause und reduzieren Sie die Tiefe der Atmung. Dies liegt meist an der vermehrten Versorgung des Körpers mit Sauerstoff über das gewohnte Maß hinaus und wird sich normalisieren, sobald Sie wieder zu Ihrem gewohnten Atemrhythmus zurückkehren.

Tipp: Atmen Sie wenn möglich immer durch die Nase. Sie wird unter den Yogis auch das „Tor zum Bewusstsein" genannt und als Verbindung zwischen Körper und Geist betrachtet. Auch physiologisch gesehen bringt die Nasenatmung Vorteile mit sich. Denn auf dem Weg durch unsere Atemwege wird die Luft gereinigt, befeuchtet und erwärmt. Wenn Sie zwischendurch den Impuls verspüren, einmal durch den Mund zu atmen, tun Sie dies und kehren Sie dann wieder zur Nasenatmung zurück. Oft empfiehlt es sich, vor der Übung die Nase zu schnäuzen oder bei einer verstopften Nase vorab ein Mittel zu benutzen, das die Schleimhäute abschwellen lässt.

☺ ### *Die Atemzüge zählen*

Diese Übung wird Ihnen dabei helfen, Ihre Gedanken eine Zeit lang auszublenden, indem Sie Ihre Konzentration auf den Atem und das Zählen bzw. die Gedankennotiz, d. h. das Bild, das Sie sich in Gedanken machen, ausschließlich auf das „Ein-" und „Ausatmen" richten, und

zwar wie folgt: Sie atmen ein und denken das Wort „ein"
(dadurch können Ihre Gedanken nicht abschweifen und
Sie können an nichts anderes mehr denken) – Sie atmen
aus und denken das Wort „aus". Berücksichtigen Sie dabei, dass es bei den Übungen nichts zu erreichen gilt, es
kein „richtig" oder „falsch" gibt – der Weg ist das Ziel!
Und so geht es:

(1) Setzen oder stellen Sie sich aufrecht hin.

(2) Nehmen Sie achtsam wahr, wie Ihr Atem kommt
    und geht, ganz ohne Ihr Zutun.

(3) Lassen Sie Ihren Atem einfach fließen, ohne ihn
    verändern zu wollen.

(4) Nach einer Weile beginnen Sie damit, ihn zu zählen:
    einatmen auf eins, ausatmen auf zwei, einatmen auf
    drei usw. bis zehn, dann beginnen Sie wieder von
    vorn.

(5) Alternativ können Sie beim Einatmen innerlich
    oder auch laut „ein" sagen und beim Ausatmen
    „aus". Probieren Sie die zwei Möglichkeiten einfach
    aus und entscheiden Sie sich für diejenige, mit der
    Sie besser zurechtkommen.

(6) Irgendwann stellen Sie fest, dass Sie mit Ihren Ge-
    danken abschweifen. Vielleicht gehen Sie Ihre Ein-
    kaufsliste durch oder lassen ein wichtiges Gespräch
    mit Ihrem Vorgesetzten im Kopf Revue passieren ...

(7) Sobald Sie merken, dass Ihre Gedanken abschwei-
    fen, nehmen Sie dies zur Kenntnis und kehren Sie
    wieder zurück zu Ihrem Atem. Ärgern Sie sich nicht,
    das ist ganz normal.

Tipp: Erlauben Sie sich immer eine kurze Pause zwischen der letzten Aufgabe und dem Beginn der Meditation. Legen Sie den Zeitpunkt für diese Übung gezielt fest, mit dem Wissen, dass Sie in den nächsten fünf bis zehn Minuten vermutlich nicht gestört werden.

☺ ### *Atempausen wahrnehmen*

Eine Variation der vorhergehenden Übung bringt Sie zunächst wieder zu Ihrem Atem.

(1) Während Sie ruhig und gleichmäßig atmen, bemerken Sie nach dem Einatmen, in der Atemvölle, eine kurze Pause.

(2) Eine ebensolche Pause findet sich auch nach dem Ausatmen, in der Atemleere.

(3) Achten Sie darauf, dass Sie diese nicht manipulieren oder den Atem im Vorfeld anhalten, weil Sie auf die entsprechende Pause warten. Nehmen Sie stattdessen die Rolle des Beobachters ein.

(4) Setzen Sie in der Atemleere ein beliebiges Wort oder Bild ein, das Sie für die nächsten fünf Minuten bei der Meditation begleiten wird.

(5) Jedes Mal, wenn eine Pause entsteht, nehmen Sie dieses Bild wieder in Ihren Fokus. Bleiben Sie neugierig und geduldig.

(6) Um die Meditation zu beenden, stellen Sie sich während der nächsten Atemleere die Zahl Drei vor, in der nachfolgenden die Zahl Zwei und schließlich eine Eins.

(7) Falls Sie Ihre Augen geschlossen hatten, öffnen Sie sie wieder und kommen Sie so zurück in den Raum, in dem Sie sich befinden.

Tipp: Es empfiehlt sich, zum Meditieren die Augen zu schließen. Damit blenden Sie die äußeren Reize aus und können Ihre Sinne wesentlich besser nach innen richten.

Die eigene Atmung bewusst wahrzunehmen, ist der erste Schritt in die richtige Richtung. Lernen Sie den Atem als Stressbarometer kennen, an dem Sie ablesen können, was noch geht und wo es kritisch wird.

3.2 Genuss als Fokus der Meditation

Zu einem gesunden Lebensstil gehört neben regelmäßiger Bewegung und Entspannung auch eine ausgewogene Ernährung. In der Praxis heißt das: Möglichst frische, naturbelassene und qualitativ hochwertige Produkte sollten unseren Speiseplan dominieren. Sie helfen uns, das Risiko für viele der modernen Zivilisationskrankheiten zu minimieren. Doch auch die Art und Weise, wie wir die Nahrung zu uns nehmen, ist entscheidend. Ein achtsamer Umgang mit sich selbst beinhaltet auch bewusstes und genussvolles Essen. Statt gedankenlos alles in sich hineinzustopfen, sollten Sie den Geschmack der Nahrungsmittel, die Sie zu sich nehmen, wahrnehmen und genießen lernen, falls Sie es noch nicht tun. Sie werden bald merken, was Ihnen wirklich guttut, wann Sie tatsächlich Hunger haben und in welchen Situationen Sie dazu neigen, unkontrolliert zuzuschlagen. Als angenehmer Nebeneffekt wird es Ihnen gelingen, Ihr Gewicht zu reduzieren und zu halten.

 ### *Achtsamer Genuss*

Durch diese Übung erkennen wir unsere Gefühle, die beim Essen beteiligt sind, klarer und können dadurch entsprechend reagieren. Probieren Sie es aus!

(1) Legen Sie Ihren Snack (z. B. einen Apfel, Riegel oder ein Sandwich) vor sich auf den Tisch. Zur Übung eignet sich auch eine einzelne Rosine.

(2) Nehmen Sie einige bewusste und tiefe Atemzüge.

(3) Wenden Sie sich Ihrer kleinen Zwischenmahlzeit zu und betrachten Sie sie neugierig. Nutzen Sie dabei alle Sinne: Sieht das Objekt appetitlich aus? Wie riecht es? Wie fühlt es sich in Ihrer Hand an? Macht es Geräusche, wenn Sie es in Häppchen teilen? Und was bewirkt es in Ihrem Körper – Vorfreude auf den ersten Bissen, vermehrten Speichelfluss oder eher Abneigung?

(4) Beißen Sie ein kleines Stück davon ab und richten Sie Ihre Aufmerksamkeit auf den Geschmack und die Assoziationen, die sich spontan einstellen.

(5) Beginnen Sie nun in Zeitlupe zu kauen und spüren Sie intensiv den Geschmack, das Aroma, und neh-

men Sie die Rückmeldung Ihres Körpers wahr. Lassen Sie sich für jeden Bissen ausreichend Zeit, damit Sie auch den Nachgeschmack genießen können. Lehnen Sie sich am besten dabei zurück und schließen Sie Ihre Augen.

(6) Vielleicht entdecken Sie diesmal eine andere Qualität, eine, die Sie bei Ihrem Snack noch nicht wahrgenommen haben. Es mag sein, dass Ihnen die Zwischenmahlzeit plötzlich besser oder vielleicht auch nicht mehr so gut schmeckt wie sonst. Oder Sie verspüren keinen Hunger mehr und brechen diese Übung ab. In diesem Fall wenden Sie sich in der nächsten Pause wieder der Meditation zu.

Sie können schon am Morgen gezielt auswählen, worauf Sie Appetit haben, ohne automatisch auf das Gewohnte zurückzugreifen. Und sollten Sie an Ihrem Arbeitsplatz nicht essen dürfen, dann nutzen Sie die Mittagspause, um das Büro für mindestens eine halbe Stunde zu verlassen.

Tipp: Diese Übung gelingt auch wunderbar mit einer Tasse Tee oder Kaffee. Schauen Sie dazu erst die Tasse, dann den Inhalt an, rühren Sie den Zucker mit Genuss ein und verfeinern Sie den Tee mit einer Scheibe Zitrone oder den Kaffee mit einem Schuss Sahne. Riechen Sie voller Vorfreude daran und spüren Sie die Wärme, die von der Tasse ausgeht, in Ihren Händen. Schluck für Schluck nehmen Sie den Geschmack und das Aroma wahr …

10 Regeln, die Ihnen helfen, in Zukunft achtsam und genussvoll zu essen

1. Essen Sie dann, wenn Sie Hunger haben, und nicht, um unangenehme Gedanken oder Gefühle wie Stress oder Kummer zu unterdrücken.
2. Bevor Sie das Besteck in die Hand nehmen oder den ersten Bissen nehmen, betrachten Sie Ihre Mahlzeit mit Neugier und Interesse.
3. Kauen Sie bewusst und lassen Sie sich dabei ausreichend Zeit.
4. Nutzen Sie möglichst viele Sinneskanäle, um den Geschmack des Essens zu entdecken.
5. Essen Sie nicht nebenbei, wenn Sie sich mit anderen Dingen beschäftigen, wie z. B. lesen oder am Bildschirm arbeiten.
6. Hören Sie auf zu essen, sobald sich das angenehme Gefühl der Sättigung einstellt. Dazu braucht Ihr Körper in der Regel etwa 20 Minuten.
7. Erlauben Sie sich eine kleine Zwischenmahlzeit, wenn sich das Hungergefühl wieder breitmacht. So kann kein Heißhunger entstehen, der Sie unkontrolliert zugreifen lässt.
8. Achten Sie schon beim Einkauf auf qualitativ hochwertige Produkte und Vielfalt auf Ihrem Speiseplan.
9. Kochen Sie wenn möglich öfter selbst und bedenken Sie, dass ein appetitlich angerichtetes Essen mehr Genuss verspricht als eine schnelle Mahlzeit zwischendurch.
10. Verbieten Sie sich nichts, sondern finden Sie stattdessen das richtige Maß für weniger gesunde Lebensmittel.

Machen Sie es wie die Franzosen: Essen Sie mit Genuss und Freude und zelebrieren Sie jeden einzelnen Bissen. Und wenn Sie eine meditative Übung daraus machen, kommt die Mahlzeit Ihrer Gesundheit gleich doppelt zugute.

30

3.3 Steh- und Gehmeditation

Sollten Sie zu den Menschen gehören, die den größten Teil ihrer Arbeitszeit am Schreibtisch, vielleicht sogar ununterbrochen am Bildschirm verbringen, dann empfehle ich Ihnen täglich einige kurze Pausen, um die Position zu wechseln und im Stehen oder im Gehen zu meditieren. Es kommt auch hier auf Ihre berufliche Situation an, ob Sie diese Übungen direkt vor Ort, auf dem Weg zur Arbeit, an der Bushaltestelle oder in der wohlverdienten Mittagspause praktizieren.

Sich im Stand erden

Unsere Füße tragen uns im Laufe unseres Lebens etwa dreimal um die Erde. Damit haben sie sich ein wenig Aufmerksamkeit verdient.

(1) Erlauben Sie sich einen Gang zum Fenster, um für einige Minuten aus der Arbeitshaltung zu kommen. Stellen Sie sich dort hüftbreit und aufrecht hin und lenken Sie Ihre Aufmerksamkeit auf Ihre Füße. Spreizen Sie Ihre Zehen und stellen Sie beide Füße möglichst flächig auf.

(2) Verlagern Sie das Körpergewicht einige Male bewusst nach vorn und nach hinten.

(3) Bleiben Sie dann in der Mitte stehen, sodass sowohl der Vorderfuß als auch der Rückfuß gleichermaßen belastet sind.

(4) Verlagern Sie dann das Gewicht sanft von rechts nach links und umgekehrt. Auch hier balancieren Sie sich schließlich in der Mitte aus.

(5) Spüren Sie bewusst Ihre Fußsohlen, die Großzehe, die Kleinzehe und die Zehen dazwischen.

(6) Gehen Sie in Gedanken mehrmals Ihre Fußinnenseite und -außenseite ab.

(7) Scannen Sie gedanklich Ihre beiden Füße und genießen Sie dabei den sicheren Halt, den Ihnen die Unterlage bietet.

(8) Stellen Sie sich bildlich vor, wie Sie im Boden Wurzeln schlagen wie ein Baum. Dadurch gewinnen Sie an Kraft und Standfestigkeit. Nichts kann Sie so schnell mehr aus dem Gleichgewicht bringen.

(9) Mit jeder Einatmung richten Sie sich mehr und mehr auf und mit jedem Ausatmen bilden sich neue Wurzeln unter Ihren Füßen.

(10) Genießen Sie diesen Zustand ...

(11) Mit ein paar tiefen Atemzügen beenden Sie diese Übung, lockern den Körper durch sanftes Schütteln und wenden sich erneut Ihren Aufgaben zu.

Tipp: Der Boden unter den Füßen lässt sich besonders gut ohne Schuhe wahrnehmen. Entscheiden Sie selbst, ob sich die Möglichkeit dazu bietet.

Die Gehmeditation lässt sich am besten barfuß im Park praktizieren. Alternativ bietet sich auch eine Runde um den Block oder Ihren Schreibtisch an. Denn meditieren lässt sich nicht nur in Stille daheim, sondern auch inmitten einer lärmenden Stadt, auch wenn diese Praxis vor allem für Anfänger deutlich schwieriger ist. Dabei haben Sie grundsätzlich zwei Möglichkeiten: Entweder Sie richten Ihre Aufmerksamkeit nach innen und blenden für einige Augenblicke die Umgebung aus, indem Sie sich z. B. auf Ihren Atem konzentrieren. Oder aber Sie richten Ihre Antenne nach außen und nehmen ganz genau das Treiben um Sie herum, die Geräusche, Gerüche und Farben in Ihrer Umgebung wahr. Auch diese Art der Meditation kann eine angenehme und entspannte Erfahrung sein. Meist hängt es von der momentanen Stimmung ab, für welche Variante Sie sich entscheiden.

Das Gras unter den Füßen spüren

Bevor Sie mit der Meditation beginnen, stellen Sie sich gerade hin, nehmen Sie einige bewusste Atemzüge, richten Sie den Oberkörper auf und entspannen Sie Ihre Schultern.

(1) Verlagern Sie langsam das Gewicht auf ein Bein.

(2) Heben Sie – mit der Ferse beginnend – in Zeitlupe den freien Fuß vom Boden. Spüren Sie dabei in das Standbein hinein, auf dem das gesamte Körpergewicht jetzt lastet.

(3) Führen Sie das Spielbein nach vorn und setzen Sie den Fuß wieder ab, indem Sie ihn langsam und

bewusst von der Ferse über den Mittel- bis zum Vorfuß abrollen.

(4) Verlagern Sie jetzt das Körpergewicht auf das vordere Bein.

(5) Wiederholen Sie den Vorgang genauso achtsam mit der anderen Seite.

(6) Sollten Sie auf einer Wiese oder einem Rasen üben, nehmen Sie bewusst den Kontakt der Haut mit den Grashalmen wahr – den weichen Untergrund und das angenehme Kitzeln.

(7) Lassen Sie sich dabei Zeit, atmen Sie gleichmäßig und ruhig und üben Sie sich darin, Ihre Gedanken wie einen Film an Ihrer Seite vorbeiziehen zu lassen, ohne ihn anhalten zu wollen.

(8) Setzen Sie die Meditation und das Gehen solange Sie mögen fort.

Schärfen Sie Ihr Bewusstsein auch beim Gehen. Zwar werden Sie dadurch nicht schneller, trotzdem erreichen Sie ein Ziel: Sie kommen im Hier und Jetzt an – ein Gefühl, als ob Sie für einen Augenblick die Uhr angehalten hätten.

3.4 Der Schultergruß

Sie sind auf der Suche nach einer Übung, die Verspannungen im Schulter-Nacken Arm-Bereich vorbeugt und Sie wieder etwas beweglicher macht? Dann sind Sie bei dem Schultergruß genau richtig. Um der Übung einen meditativen Charakter zu verleihen, stellen Sie die Wahrnehmung der Atmung in den Vordergrund und führen Sie die einzelnen Schritte ganz bewusst und aufmerksam aus.

Der Schultergruß in fünf Schritten

Wer kennt das nicht: schmerzhafter Nacken, verspannte Schultermuskulatur. Zögern Sie nicht, die Übung gleich auszuprobieren!

(1) Schultern kreisen: Mit der Einatmung (EA) heben Sie Ihre Schultern in Richtung Ohren und führen sie dann nach hinten. Mit der folgenden Ausatmung (AA) senken Sie die Schultern und führen sie nach vorn usw. Achten Sie auf die Muskulatur, die dabei beteiligt ist. Spüren Sie ein Ziehen, ein Schweregefühl der Schultern oder den Unterschied zwischen der rechten und linken Seite? Das anfänglich ruckartige Nachgeben der Muskulatur wird sich nach kurzer Zeit in einen fließenden Bewegungsablauf verwandeln.

(2) Nacken dehnen: Mit der nächsten EA richten Sie Ihre Wirbelsäule auf, führen beide Schultern leicht nach hinten und das Brustbein nach vorn. Neigen Sie nun mit der AA den Kopf mit dem rechten Ohr zur rechten Schulter und spüren Sie die Dehnung in der Gegenseite. Wenn Sie den linken Arm ein wenig mit dem Daumen nach außen drehen und sanft nach unten Richtung Boden ziehen, können

Sie die Dehnung noch etwas intensivieren. Wieder-holen Sie den Vorgang zur linken Seite.

(3) Arme ausbreiten: Heben Sie nun beide Arme in Schulterhöhe und breiten Sie sie mit der EA aus. Gern können Sie zusätzlich die Finger spreizen und die Handrücken anziehen. Den Blick richten Sie etwas nach oben. Dabei werden der Brustmuskel und die Hand- und Fingermuskulatur gedehnt und der mittlere Teil der Wirbelsäule, der in einer sit-zenden Position zur Rundung neigt, wird aufge-richtet. So können Sie frei und tief Luft holen. Mit der folgenden AA führen Sie die Arme über Kreuz zusammen und umarmen sich selbst einmal. Das Kinn sinkt jetzt zum Brustbein und der gesamte Rücken darf etwas rund werden.

(4) Flanken dehnen: Sie richten sich wieder auf und lo-ckern die Arme. Mit der EA führen Sie Ihren linken Arm über die Seite nach oben, so als ob Sie etwas, das diagonal über Ihrem Kopf steht, greifen wollten. Neh-men Sie dabei das Ziehen in der linken Rumpfseite wahr, verstärken Sie es bei der AA und versuchen Sie es für einige Atemzüge zu halten. Dann senken Sie den Arm wieder ab und wechseln die Seiten.

(5) Augen entspannen: Nun reiben Sie die Handflä-chen aneinander und erwärmen Sie diese. Dann legen Sie die Handballen sanft auf die geschlosse-nen Augen, senken entspannt den Kopf und stüt-zen die Fingerkuppen auf Ihrer Kopfhaut über der Stirn ab. Spüren Sie der Übung nach …

Tipp: Wenn Sie sich mit der entsprechenden EA und AA schwertun, dann lassen Sie den Atem einfach fließen. Nach einiger Zeit werden Sie intuitiv richtig atmen.

Die Dauer einer durchschnittlichen Zigaretten-pause beläuft sich auf sieben bis zehn Minuten. Wenn Sie in die Übungspraxis der Meditation so viel Zeit am Arbeitsplatz investieren wie ein Rau-cher in drei Zigaretten, dann haben Sie an diesem Tag bereits enorm viel für Ihre Gesundheit getan. Probieren Sie es aus! Nutzen Sie dazu …

- *Ihren Atem,*
- *die nächste Mahlzeit,*
- *Ihre Füße als Antennen und*
- *den Schultergruß, um Spannungen zu lösen.*

30 MINUTEN

4. Kurzmeditationen für einen entspannten Feierabend

Der Tag war lang und Sie sind erschöpft, vielleicht auch müde und mit Ihrem Tagwerk zufrieden. Oder aber Sie sind voller Energie und Tatendrang, wollen die beste Zeit des Tages so richtig genießen. Damit haben Sie die Wahl: Sie können sich mit einer Meditation auf den Abend einstimmen oder aber noch etwas warten und den Abend mit einer Meditation abschließen. Wie auch immer Sie sich entscheiden, nehmen Sie sich die Zeit, um in Kontakt mit sich selbst zu kommen. Nachfolgend stelle ich Ihnen drei Meditationsformen vor, die von der Umsetzung her unterschiedlicher kaum sein könnten. Diese Auswahl ist ganz bewusst so gewählt, dass auch wirklich jeder Leser für sich das passende Gegenstück findet. Lassen Sie sich inspirieren und entscheiden Sie ganz intuitiv aus dem Bauch heraus, wo Sie sich wiederfinden.

4.1 Achtsamkeitsbasierter Körper-Scan

Entwickelt von dem Molekularbiologen Professor Dr. Jon Kabat-Zinn, stellt die als MBSR-Methode (Mindfulness-Based Stress Reduction) bekannte Übungspraxis ein sehr bewährtes Konzept dar, das Stress und innere Unruhe abzubauen hilft und einen Weg aufzeigt, um ruhiger und gelassener zu leben. Das Thema „Achtsamkeit" geht auf seine Erkenntnisse aus der Verhaltensmedizin und den eigenen Erfahrungen in Yoga und Meditation zurück. Sein Verfahren, der „Bodyscan", ist ein Brückenschlag zwischen den jahrtausendealten meditativen Übungen zur Bewusstseinsschulung und einer ganzheitlichen Medizin der Moderne. Heute gilt MBSR als eine etablierte Methode, wird weltweit angewendet und in Behandlungen integriert.

☺ ***So scannen Sie Ihren Körper***

Überzeugen Sie sich selbst, wie man mit wenig Aufwand einen großen Unterschied bewirken kann!

(1) Legen Sie sich entspannt auf eine Matte, eine Decke auf dem Boden oder auf Ihr Bett. Dabei liegen die Arme in einer angenehmen Entfernung zum Rumpf und die Beine etwa hüftbreit auseinander. Legen Sie wenn nötig ein kleines Kissen unter den Kopf. Auch eine zusammengerollte Decke in der Kniekehle kann für viele eine Wohltat sein, die regelmäßig mit Beschwerden in der Lendenregion zu

kämpfen haben. Machen Sie es sich in der Rückenlage so bequem wie möglich, atmen Sie tief ein und schließen Sie die Augen, während Sie langsam ausatmen.

(2) Nehmen Sie bewusst die Unterlage wahr, auf der Sie ruhen, atmen Sie tief und gleichmäßig und spüren Sie, wie Sie mit jedem Atemzug mehr und mehr entspannen.

(3) Lassen Sie jede Stimmung zu, ohne sie zu bewerten oder verdrängen zu wollen. Richten Sie Ihre Aufmerksamkeit vielmehr auf die Wellen des Atems, die durch Ihren Körper fließen, und seien Sie ganz präsent.

(4) Nach einer Weile lassen Sie den Atem völlig gelöst fließen und richten Ihre Aufmerksamkeit auf Ihren linken Fuß. Nehmen Sie ihn zunächst einmal ganz aufmerksam als Ganzes wahr, seine Konturen, den Druck der Ferse auf der Unterlage. Vielleicht gibt es Signale oder Empfindungen, die Sie wahrnehmen – das könnte z. B. ein Wärmeempfinden, Kühle oder ein Kribbeln sein.

(5) Dann wenden Sie sich gezielt Ihren Zehen zu – der Großzehe, der Kleinzehe und den Zehen dazwischen. Vielleicht gelingt es Ihnen, sich in die Zehenzwischenräume hineinzufühlen.

(6) Scannen Sie weiter die gesamte Fußsohle, den Fußrücken sowie das Fußgelenk gedanklich ab und lenken Sie dann Ihre Aufmerksamkeit langsam zum Unterschenkel hin.

(7) Spüren Sie in Ihre Wade hinein und fühlen Sie den Druck der Muskulatur auf der Unterlage sowie die Berührungspunkte der Kleidung auf der Haut.

(8) Dann lenken Sie Ihre Aufmerksamkeit auf die Vorderseite des Unterschenkels und erfühlen auch diese.

(9) Nehmen Sie sich ausreichend Zeit und hetzen Sie nicht von einem Körperteil zum nächsten. Manche Körperpartien werden für Sie ganz einfach wahrzunehmen sein, andere dagegen nur schwer. Wie alles andere ist auch das eine Übungssache.

(10)Gehen Sie weiter zum Knie, spüren Sie den Hohlraum unter der Kniekehle. Spüren Sie dann in das Gelenk und in die Kniescheibe hinein.

(11)Wandern Sie höher zum Oberschenkel, zunächst zur Rückseite, dann zur Vorderseite. Lassen Sie dabei die Muskulatur vollkommen entspannt.

(12)Nun richten Sie Ihre Aufmerksamkeit auf den rechten Fuß und tasten sich gedanklich durch das rechte Bein ...

(13)Am Gesäß angekommen, spüren Sie in die beiden Pobacken hinein, in das Becken, den Beckenboden, die beiden Leisten, den Raum dazwischen und schließlich in den Bauch und die Bauchorgane. Auch hier nehmen Sie wahr, wie sich die Bauchdecke mit der Einatmung hebt und mit der Ausatmung wieder senkt.

(14)Was auch immer Sie gerade spüren oder nicht spüren, ist willkommen. Wichtig beim Betrachten ist eine neugierige und annehmende Haltung Ihrerseits.

(15) Gleiten Sie dann mit Ihrer Wahrnehmung in die beiden Rippenbögen, den Herzraum, den Brustraum und den vorderen Schulterbereich. Sollte dabei ein unangenehmes Empfinden, z. B. in Form eines Spannungsgefühls, Ziehens oder sogar Schmerzes auftauchen, versuchen Sie, in diese Körperregion vermehrt hineinzuatmen. Oft lösen sich die Beschwerden kurze Zeit später von allein auf.

(16) Bringen Sie Ihre Wahrnehmung als Nächstes zu Ihrer linken Hand, erforschen Sie diese aufmerksam von den Fingerkuppen über die gesamte Länge der einzelnen Finger, die Zwischenräume, die Handfläche und den Handrücken.

(17) Gehen Sie weiter zum Handgelenk, zum Unterarm und seiner Auflagefläche auf der Unterlage, dem Ellbogengelenk und dem Oberarm.

(18) Spüren Sie in die linke Schulter sowie in den Nacken hinein und wechseln Sie schließlich die Seiten.

(19) Wiederholen Sie das Vorgehen in Ruhe und Achtsamkeit mit dem rechten Arm ...

(20) Von der rechten Schulter kommend, erkunden Sie den Nackenbereich, die Druckpunkte der Schulterblätter und den Raum zwischen den beiden Schulterblättern im mittleren Wirbelsäulenabschnitt.

(21) Wenden Sie sich schließlich der Lendenregion zu. Gerne können Sie in Ihrer Vorstellung jeden Wirbel

Stück für Stück abtasten oder wie eine Treppe hinab- oder hinaufsteigen. Greifen Sie dabei das Bild auf, mit dem Sie sich am besten anfreunden können.

(22)Kehren Sie zurück nach oben und spüren Sie den Druck des Kopfes auf der Unterlage. Wandern Sie vom Hinterhaupt über die gesamte Kopfhaut zum Haaransatz oberhalb der Stirn.

(23)Von hier aus lenken Sie Ihre Aufmerksamkeit auf die Stirnregion, die Augenbrauen, die Nasenwurzel dazwischen, die Augen und die Augenlider. Lassen Sie dabei beide Augäpfel entspannt und schwer in die Augenhöhlen sinken.

(24)Tasten Sie gedanklich Ihre Nase ab, die Wangen und Schläfen. Entspannen Sie den Kiefer und den Bereich um den Mund, die Lippen und das Kinn. Lassen Sie die Zunge entspannt und flächig im Unterkiefer ruhen und lösen Sie die beiden Zahnreihen etwas voneinander.

(25)Abschließend fühlen Sie sich in Ihre Ohren hinein – in das Innere, so als ob Sie einmal hineinschauen wollten, und in das Äußere sowie den Raum dahinter.

(26)Wenn es für Sie stimmig ist, gönnen Sie sich ein sanftes Lächeln, atmen Sie zwei- bis dreimal tief ein und aus und öffnen Sie mit dem nächsten Ausatmen wieder Ihre Augen.

(27)Nehmen Sie sich ausreichend Zeit, um die Übung zu beenden, langsam aufzustehen und sich wieder mit Ihrer Aufmerksamkeit nach außen in die Umgebung zu begeben.

Tipp: Wenn es Ihnen hilfreich erscheint, können Sie Ihre Aufmerksamkeit in Form eines Lichtpunktes durch den Körper streifen lassen, ganz so, als ob jeder Körperteil für einen Augenblick auf der Bühne Ihres Bewusstseins im Rampenlicht stünde.

Sollten Sie nicht mehr als zehn Minuten Zeit für diese Übung haben oder aber innerlich unruhig werden und das Bedürfnis verspüren, Hände oder Füße wiederholt bewegen zu müssen, kürzen Sie die Übung ab. Scannen Sie die Körperregionen zusammenhängender: Arme, Beine, Becken, Brustkorb, Kopf ... Auch hier entscheiden Sie allein, wie weit Sie sich auf die Übungspraxis einlassen möchten. Erfahrungsgemäß ist es eine Übung, die gern in aller Ausführlichkeit praktiziert wird. Aber wie immer im Leben – was für die meisten zutrifft, gilt eben nicht für jeden.

Falls sich für Sie die Möglichkeit bietet, den Körper-Scan unter Anleitung durchzuführen, lassen Sie Ihren Partner oder Ihre Partnerin den oben vorgestellten Text langsam und mit Pausen dazwischen vorlesen. Eine sanfte und leise Hintergrundmusik kann Sie dabei noch tiefer in die Entspannung begleiten.

Beim Körper-Scan tasten Sie in Gedanken systematisch Ihren Körper ab. Sie üben sich darin, jeden einzelnen Körperteil zu entdecken und ihn in Ihr Bewusstsein zu holen. Dieser Ausflug ist wie eine Safari durch das eigene Selbst – äußerst spannend und mit kaum einem anderen Erlebnis zu vergleichen.

4.2 Yogawalk für ein gesundes Herz

Sicher ist Walking für Sie ein Begriff. Entweder weil Sie selbst regelmäßig die Sportschuhe schnüren und vielleicht sogar die Stöcke in die Hand nehmen, um Ihrem Körper etwas Gutes zu tun, oder aber weil Sie diejenigen belächeln, die diese Sportart ausüben. Nun, ab jetzt sitzen Sie im selben Boot. Bevor Sie es sich anders überlegen und weiterblättern, lehnen Sie sich entspannt zurück und lassen Sie sich von den positiven Auswirkungen des Yogawalks auf Ihren Organismus überzeugen: Walking ist ein sanftes Ganzkörpertraining, bei dem das Herz-Kreislauf-System in Schwung kommt. Genau das Richtige für Menschen, die im Arbeitsalltag viel sitzen und dem Bewegungsmangel sowie den damit verbundenen Zivilisationskrankheiten, wie z. B. Bluthochdruck, Übergewicht und Diabetes mellitus (Zuckerkrankheit), vorbeugen wollen. Auch in Sachen Gehirntraining steht Bewegung an erster Stelle, denn sie regt die Durchblutung des Gehirns an und unterstützt dadurch die Neubildung von Gehirnzellen. Wenn sich Ihr Ausdauertraining mit einer Meditation verbinden lässt, dann gibt es kaum etwas Besseres, um gut erholt in den Feierabend zu starten. Gehen Sie es also an!

Vorbereitende Maßnahmen

Bringt man den Begriff „Walking" auf eine einfache Formel, dann heißt diese nichts anderes als „zügiges Gehen mit Armeinsatz". Das kann praktisch jeder – Sie natürlich auch. Dabei kann ich Ihnen als Physiotherapeutin gute Walking- oder Laufschuhe nur empfehlen, zum Kauf entscheiden müssen Sie sich allerdings selbst. Auch bequeme, luftdurchlässige und wetterfeste Kleidung ist von Vorteil. Denn wenn Sie einmal auf den Geschmack gekommen sind und sich in der Natur wohlfühlen, dann wird Sie schlechtes Wetter kaum daran hindern, den Yogawalk durchzuführen. Eine ebenfalls lohnende Investition ist eine Pulsuhr, die Ihnen genau anzeigt, in welchem Belastungsbereich Sie trainieren. Um sich entspannt auf den Atem und den Bewegungsablauf konzentrieren zu können, sollte die Herzfrequenz (Puls) zwischen 60 und 75 Prozent des Maximalwertes liegen. Dieser lässt sich entweder über eine Leistungsdiagnostik beim Hausarzt bestimmen, viele Pulsuhren können den Wert aber auch ganz automatisch nach Eingabe einiger Parameter errechnen, oder Sie nutzen folgende Faustformel, um einen groben Annäherungswert zu ermitteln:

220 – Lebensalter in Jahren = max. Herzfrequenz

Zusätzlich möchte ich Sie dazu ermuntern, Präventionsangebote zu nutzen und regelmäßig Ihr Herz vom Arzt checken zu lassen!

☺ **_Yogawalk mit den Sinnen nach innen gerichtet_**
Die Vorbereitungen sind getroffen und Sie können loslegen.

(1) Wenn Sie sich bis heute noch nicht mit der Technik des Walkings vertraut gemacht haben, starten Sie so, als ob Sie zielstrebig gingen, setzen Sie die Ferse auf und rollen Sie die Füße bewusst ab.

(2) Dabei ist der Rumpf gut aufgerichtet, beide Schultern sind entspannt und die Arme annähernd im rechten Winkel. Die Hände sind locker zur Faust geschlossen, ohne Kraftaufwand.

(3) Beide Arme schwingen gegengleich zur Beinarbeit mit, d. h., wenn Sie den rechten Fuß nach vorn führen, geht der linke Arm vor, und umgekehrt.

(4) Atmen Sie beim Walken aufmerksam durch die Nase, und wenn es Ihnen möglich ist, versuchen Sie, durch das Engstellen des Kehlraumes beim Ausatmen ein angenehmes Rauschen zu erzeugen. Dadurch wird der Atem für Sie hörbar, ähnlich wie bei Darth Vader aus dem Film „Krieg der Sterne". Diese Form der Atmung, auch _siegreicher Atem_ genannt, ist eine Atemtechnik aus dem Yoga. Sie wirkt beruhigend auf das vegetative Nervensystem und kann als Fokus für die Zeit des Walkens genutzt werden, allerdings nur wenn Ihnen die Umsetzung keine Schwierigkeiten bereitet.

(5) Eine weitere Möglichkeit, sich auf seinen Körper zu besinnen und das Gedankenkarussell bewusst zu durchbrechen, ist das wiederholte Zusammenfüh-

ren der Fingerkuppen. Hierbei führen Sie bei jedem Atemzug die einzelnen Finger der rechten und linken Hand nacheinander zum Daumen. Beginnen Sie mit dem Zeigefinger, und beim Kleinfinger angekommen starten Sie mit dem nächsten Atemzug von Neuem.

Diese einfache Fingerübung kann Ihnen eine Hilfestellung sein, um mental besser loszulassen und sich nach innen auszurichten. Gehen Sie also zügig und fokussieren Sie sich, richten Sie den Blick etwas nach unten, um der Außenwelt zu signalisieren, dass Sie in Ruhe gelassen werden möchten.

Wenn Sie die Möglichkeit haben, einen Ort auszuwählen, entscheiden Sie sich am besten für einen Park oder einen Waldabschnitt. Hier lässt sich gut abschalten und man begegnet selten jemandem, den Sie aus Höflichkeit grüßen müssten oder der auf ein Schwätzchen aus ist. Zum Einstieg empfehle ich Ihnen eine stufenweise Integration der Meditation in den Walk, d. h. mit Intervallen von gefühlten drei bis fünf Minuten und einer Pause im Anschluss, deren Länge Sie selbst bestimmen.

Tipp: Ein individueller Fokus kann auch ein „Ohrwurm" sein, den Sie auf dem Nachhauseweg im Radio gehört haben, oder Ihr aktuelles Lieblingslied, das Sie beim Gehen summen möchten.

☺ *Yogawalk mit den Sinnen nach außen gerichtet*

Es spricht nichts dagegen, Ihre Aufmerksamkeit nach außen zu richten.

(1) In diesem Fall gehen Sie bewusst und richten Sie einen wachen Blick auf die Außenwelt.

(2) Versuchen Sie dabei, so viel wie möglich von der Umgebung mitzubekommen. Achten Sie auf Details. Nutzen Sie dazu v. a. drei Ihrer fünf Sinne: Sehen, Hören und Riechen.

(3) Zwischendurch können Sie den Menschen, denen Sie begegnen, ein Lächeln schenken, und Sie werden überrascht sein, wie viel Sie dabei zurückbekommen.

Überlegen Sie sich im Vorfeld eine möglichst attraktive Strecke in der Natur, selbst wenn Sie dafür etwas weiter walken müssen. Saugen Sie neugierig die Bilder, die Geräusche und Gerüche der Umgebung ein und erfreuen Sie sich daran, ein Teil dieser Welt zu sein. Nutzen Sie eine Affirmation, um sich auf das Gute und Erfreuliche in Ihrem Leben zu besinnen.

Tipp: Ist Ihnen die Technik des Nordic Walkings bereits vertraut, so können Sie das Gehen mit Stockeinsatz ebenfalls für eine Meditation nutzen. Nicht das Tempo, in dem Sie sich fortbewegen, entscheidet über die geistige Ausrichtung, sondern vielmehr die Bewusstheit, mit der Sie die inneren oder äußeren Reize wahrnehmen und dabei das Kopfkino auszuschalten vermögen.

Probieren Sie ruhig Verschiedenes aus und bleiben Sie flexibel – dann bleiben Ihr Körper und Geist es auch.

Bereits 30 Minuten moderates Ausdauertraining täglich wirken sich positiv auf das Herz-Kreislauf-System aus und reduzieren deutlich das Risiko eines Herzinfarkts. In Kombination mit einer Meditation bringt das Training zusätzlich einen Gewinn für unseren unsteten Geist.

4.3 Der Mondgruß

Wenn Sie sich weder auf eine Walkingtour noch auf die Matte zum Körper-Scan begeben wollen, gibt es in der Tat noch eine Alternative, ganz besonders wenn Sie es kurz und knackig mögen.

Entspannt den Tag beschließen

Der Mondgruß wirkt beruhigend, harmonisierend und stellt einen Gegenpol zum Sonnengruß dar. Auch hier steht nicht die Abfolge einzelner Körperhaltungen im Vordergrund wie im Hatha Yoga üblich, sondern vier aufeinanderfolgende Übungsabschnitte mit einer Gesamtdauer von zehn bis 15 Minuten.

1. Phase: Schattenboxen, maximal fünf Minuten
Sie können dabei richtig lospowern oder aber Sie lassen es ganz gemütlich angehen und führen die

Bewegungen der Arme und Beine im Zeitlupentempo aus. Beides hat seine Vorteile und hängt ganz von Ihrem Typ und Ihrer jeweiligen Stimmung ab. Machen Sie dabei den Kopf frei!

2. **Phase:** Yogalöwe **(Abb. 11)**, fünf Wiederholungen
Stellen Sie sich aufrecht und breitbeinig hin, die Füße parallel zueinander. Mit der nächsten Einatmung führen Sie beide Arme seitlich noch oben. Beim Ausatmen beugen Sie bequem Ihre Arme und Beine, formen die Finger beider Hände zu Krallen und öffnen weit den Mund. Während Sie die Zunge weit nach unten strecken und den Blick nach oben richten, brüllen Sie wie ein Löwe.

11

Auch wenn Sie beim ersten Lesen dieser Zeilen etwas daran zweifeln sollten – diese Übung löst die emotionale Anspannung und lässt Sie nach einem Tag im Boxring (Ihrem Arbeitstag) wieder zur Ruhe kommen.

3. Phase: Ausstreichungen, fünfmal je Seite
Streichen Sie mit der rechten Hand den linken Arm aus, von der Schulter bis zu den Fingerspitzen. Dann wechseln Sie die Seiten, fünfmal in Folge. Das Gleiche führen Sie mit den Beinen durch, nur dass Sie jeweils beide Hände zum Ausstreichen einsetzen. Üben Sie dabei einen angenehmen Druck aus. Dann richten Sie sich wieder auf und wenden sich dem Gesicht zu, indem Sie mit dem rechten Mittelfinger von der Außenseite der Nasenwurzel kommend über die gesamte Länge der rechten Augenbraue streichen. Wechseln Sie dann nach links und wiederholen Sie auch hier fünfmal den Ablauf. Verfahren Sie auf dieselbe Weise mit dem Nacken: Sie streichen flächig von der Mitte nach außen – zunächst rechts, dann links. Abschließend legen Sie beide Hände auf den Bereich des unteren Rückens. Mit den Fingerspitzen zum Boden zeigend, streichen Sie nun den Lendenbereich fünfmal mit beiden Handflächen gleichzeitig aus.

4. Phase: Nachspüren für drei bis fünf Minuten
Nehmen Sie sich einige Minuten im Stehen oder Sit-

zen Zeit, um der Wirkung auf Ihren Körper und Geist nachzuspüren. Schauen Sie dabei nicht auf die Uhr, sondern achten Sie auf Ihr Bauchgefühl. Wenn Sie so weit sind, beenden Sie die Übung und lassen Sie den Abend langsam ausklingen.

Tipp: Auch zwischendurch bietet der Yogalöwe eine Möglichkeit, Anspannung und aufgestaute Aggressionen abzubauen – für sich allein oder als Partnerübung mit Ihrem Kollegen oder der Büronachbarin. Laut oder leise kann er zu einem echten Office-Brüller werden, ganz besonders, wenn ihm ein herzhaftes Lachen folgt.

Wertschätzen Sie Ihren Körper als Leistungsträ-ger, ohne dabei den Geist zu vernachlässigen. Mit ein wenig Übung wird es Ihnen gelingen, eine Balance zu finden und ein Wohlgefühl daraus zu entwickeln. Ob Körper-Scan, Yogawalk oder Mondgruß – alle drei Meditationsformen lassen unsere Seele teilhaben an der Entspannung, die der Körper dabei erfährt.

30

30 MINUTEN

5. Was Sie sonst noch wissen sollten

Ständiges Grübeln, die täglichen Belastungen und Probleme beeinflussen unsere Stimmung und unsere Gefühle negativ. Um dem entgegenzuwirken, ist Meditation eine wunderbare Übungspraxis. Sie ist eine Art der Denkhygiene, die bei regelmäßiger Anwendung eine wertneutrale Sicht auf Situationen zulässt, die zuvor nicht möglich war. Denn nur selten sind unsere Gedanken wertfrei; meist interpretieren wir das, was wir unter Wirklichkeit verstehen, in Abhängigkeit von unseren Erfahrungen und den zuvor gefassten Meinungen, die wir im Laufe des Lebens erworben haben.

Durch eine neu gewonnene Objektivität und die Wertschätzung uns und anderen gegenüber richten wir uns neu aus und erlangen mehr Autonomie in unserem Tun. Die Entscheidungen treffen wir nach wie vor eigenständig. Es ist, als ob Sie den Autopilot bewusst abschalteten, um die Fahrtrichtung neu zu bestimmen, und dabei die Geschwindigkeit reduzierten, um Ihre Präsenz am Steuer zu erhöhen.

5.1 Meditation als wirkungsvolles Selbstmanagement

Nutzen Sie die Meditation zunächst einmal, um tief zu entspannen und das ständige Grübeln zu unterbrechen. Dies ist ein guter Vorsatz, denn nach recht kurzer Zeit werden Sie bereits mit einem mentalen Wohlbefinden belohnt werden. Alles andere stellt sich mit der Zeit von selbst ein, sofern Sie am Ball bleiben.

Hindernisse überwinden

Lassen Sie sich durch eventuelle Schwierigkeiten nicht von Ihrem Vorhaben abbringen. Alles, was wir neu beginnen, muss erst einmal erprobt, verinnerlicht und lieb gewonnen werden. Folgende Hindernisse können beim Üben auftauchen:

- Sie werden schnell müde und schlafen ein.
- ✎ Mögliche Lösung: Sie wählen eine Tageszeit, zu der Sie fit sind, und meditieren in Bewegung.

- Sie sind rastlos und können nicht ruhig sitzen.
- ✎ Mögliche Lösung: Auch hier ist es sinnvoll, sich für die Meditation in Bewegung zu entscheiden.

- Sie haben das Gefühl, es fehlt Ihnen die Kraft für eine aufrechte Haltung.
- ✎ Mögliche Lösung: Wählen Sie den Körper-Scan zum Einstieg.

- Ständige(s) Gedanken(karussell) lassen (lässt) Sie nicht zur Ruhe kommen
- ⍦ Mögliche Lösung: Versuchen Sie, sich von ihnen zu distanzieren, und beobachten Sie das Treiben aus der Ferne. Greifen Sie nach Möglichkeit keinen der Gedanken auf und üben Sie sich darin, sich nicht über das Chaos zu ärgern. Es geht sicher nicht zum ersten Mal so wild in Ihrem Kopf zu – Sie werden sich dessen erst jetzt bewusst. Ein guter Anfang!

- Das Atmen fällt Ihnen schwer, weil Sie vor Kurzem eine Mahlzeit zu sich genommen haben.
- ⍦ Mögliche Lösung: Sie sollten das Meditieren vertagen und sich stattdessen für ein zehnminütiges Kraftnickerchen (Powernap) entscheiden.

- Immer wenn Sie meditieren, werden Sie von Kollegen unterbrochen.
- ⍦ Mögliche Lösung: Hängen Sie ein „Bitte nicht stören"-Schild an die Tür, schließen Sie diese ab und schalten Sie das Handy aus – seien Sie für einen Augenblick nicht erreichbar. Die anderen werden sich zwar wundern, sich aber bald daran gewöhnen.

- Kaum haben Sie mit der Meditation begonnen, tauchen wichtige Termine in Ihrem Kopf auf, die Sie tatsächlich vergessen haben.
- ⍦ Mögliche Lösung: Legen Sie sich ein Blatt Papier und einen Stift bereit. Notieren Sie kurz ein Stichwort,

das Sie später an den Termin erinnern wird, und setzen Sie die Meditation fort.

- Sobald Sie sich zur Ruhe gesetzt haben, um zu meditieren, tauchen Schmerzen oder unangenehme Körperempfindungen auf.
- ♻ Mögliche Lösung: Wählen Sie eine andere Sitzhaltung aus oder meditieren Sie zunächst in Bewegung. Um herauszufinden, ob der Schmerz aus der ungewohnten Sitzhaltung resultiert, atmen Sie bewusst in die Region des Körpers, die Ärger macht, und spüren Sie achtsam in sie hinein. Justieren Sie Ihren Sitz mit den zur Verfügung stehenden Mitteln.

- Sie meditieren fleißig und irgendwie passiert nichts.
- ♻ Mögliche Lösung: Über die Wirkung der Meditation haben Sie nun viel erfahren und sind sicher neugierig auf das, was kommen mag. Gehen Sie es gelassen an und versuchen Sie nicht, eine bestimmte Emotion zu erzwingen. Eine ungewohnte Praxis bedarf immer etwas Übung, möglichst ohne Druck.

- Zum ersten Mal erfahren Sie beim Meditieren den Zustand völliger Präsenz und tiefer Entspannung – eine für Sie neue Qualität des Seins, beflügelnd oder zugleich auch etwas beängstigend.
- ♻ Mögliche Lösung: Ja, diesen Zustand gibt es tatsächlich und er hat nichts mit Erleuchtung zu tun. Es ist ein Wohlgefühl und ein Zustand des Gelöstseins, der

durch das Aufheben körperlicher und geistiger Anspannung erzeugt wird. Wir können ihn nicht erzwingen, jedoch durch die regelmäßige Praxis der
Meditation immer öfter erlebbar machen. Von erfah-
renen Meditierenden wird er oft als Zustand absolu-
ter Gedankenlosigkeit (no mind) bezeichnet.

Nachspüren als wichtiger Bestandteil

Sicher fragen Sie sich, welchen Mehrwert das Nachspüren
einer Übung mit sich bringt und ob es wirklich notwendig
ist. Diese Phase hat in der Tat einen wichtigen Stellenwert
in der Übungspraxis der Meditation. Wir entwickeln dabei ein Gefühl, das mit der Übung in Einklang gebracht
wird. Diese Verbindung hilft uns, die Übung als Erfahrung
zu verankern. Findet dies nicht statt, verflüchtigt sich ein
Teil der Wirkung und Sie fangen immer wieder von Neuem an. Vermutlich würden Sie auch nicht auf die Idee
kommen, in die Sauna zu gehen und sich dann ohne eine
anschließende Ruhephase zurück in das Alltagsgesche-
hen begeben. Stattdessen genießen Sie die wohlige Entspannung danach und empfinden diese als besonders
angenehm. Bei der Meditation geht es um einiges mehr
als nur um Entspannung. Umso wertvoller sind hier die
Momente, die Sie der Innenwahrnehmung widmen, um
einer Übung und seiner Wirkung nachzuspüren.

Meditieren in sakralen Räumen

Ganz gleich welcher Konfession Sie angehören – außer-
halb der Gottesdienstzeiten bietet eine Kirche einen

besinnlichen Ort der Stille, an dem es sich hervorragend meditieren lässt. Wenn Sie also auf dem Weg zur Arbeit oder auf dem Nachhauseweg eine Kirche aufsuchen, betreten Sie einen Raum, der durch seine Architektur, seine Geschichte, seine Kunst und Liturgie eine andere Welt symbolisiert. Hier kann die Seele durchatmen und Kraft schöpfen für den Alltag. Mit einer weitgehenden Reduktion der Geräuschkulisse und Reizüberflutung der Außenwelt lassen sakrale Räume uns innerlich werden. Das geschäftige Treiben der Stadt bleibt außen vor. Hier finden Sie Ruhe und eine besondere Atmosphäre, die Ihnen zu mehr Klarheit und Harmonie verhelfen kann. Gerade wenn Sie sonst kaum eine Möglichkeit finden, sich zu Hause oder während der Arbeit zurückzuziehen, bietet eine Kirche durchaus eine wunderbare Alternative.

Doping vermeiden

Bevor ich Sie mit einer Fülle an Inspirationen und Möglichkeiten, Ihr Leben aktiv zu gestalten, allein lasse, möchte ich noch einige Zeilen dazu nutzen, das Thema Doping am Arbeitsplatz anzusprechen. Es muss nicht Sie persönlich betreffen, aber vielleicht kennen Sie jemanden, auf den es zutrifft. Gemeint sind damit verschreibungspflichtige Medikamente, die mit dem Ziel einer Leistungssteigerung oder Stimmungsaufhellung ohne medizinische Begründung eingenommen werden. Durch hohen Leistungsdruck und in Zeiten unsicherer Arbeitsplätze und starker Konkurrenz finden solche

Mittel leider zunehmend mehr Akzeptanz in der Gesellschaft. Eingeleitet durch allgegenwärtigen Konsum von Lifestyle-Medikamenten, z. B. zur Gewichtsreduktion oder Potenzsteigerung, nimmt die Entwicklung ihren Lauf. Dabei ist zu beobachten, dass Männer meist ihr Leistungspotenzial frisieren, während Frauen ihre Stimmung polieren. Es besteht die Gefahr, dass diese harmlos erscheinenden Mittel unterschätzt werden. Denn auf lange Sicht verbergen sie ein hohes Nebenwirkungs- und Suchtpotenzial. Seien Sie also wachsam und schützen Sie sich und Ihre Kollegen. Und nutzen Sie Meditation als wertvolle Alternative!

Vier Grundregeln der achtsamen Selbstführung

1. Üben Sie sich darin, Ihre Aufmerksamkeit auf den gegenwärtigen Moment zu fokussieren, nur so werden Sie diesen bewusst erleben können.

2. Stellen Sie Ihre Bewertung zurück, lassen Sie Vorurteile los und nehmen Sie Dinge, die Sie nicht ändern können, möglichst bejahend an. Nur so können Sie Ihre Wahrnehmung erweitern und vertiefen.

3. Halten Sie die Waage zwischen realistischen Leistungsansprüchen und angemessenen Fortschritten und versuchen Sie, das Augenmerk in Ihrer Freizeit nicht ständig auf das Erreichen Ihrer Ziele zu richten. Wann haben Sie das letzte Mal etwas getan, das sich nicht lohnen musste?

> 4. Klammern Sie sich nicht an Gewohnheiten. Das Leben ist ein Fluss, Dinge ändern sich. Ändern Sie sich mit ihnen und wagen Sie es, neue Wege zu gehen!

Gehen Sie mit Hindernissen bei der Meditation unbesorgt und zuversichtlich um. Sie sind Bestandteil der Übungspraxis und lassen sich nicht immer auf Anhieb beseitigen. Vermeiden Sie Dopingmittel und nehmen Sie sich stattdessen die Regeln achtsamer Selbstführung zu Herzen.

5.2 Meditation im Führungsalltag

Die Erwartungen an Führungskräfte und die Herausforderungen, mit denen Manager täglich konfrontiert werden, sind enorm. Eine regelmäßige Achtsamkeitspraxis fördert u. a. die Gesundheit und die persönliche Effizienz.

Achtsamkeit als Führungsstil

Ein Führungsstil, der auf dem Prinzip der Achtsamkeit basiert, begünstigt die Entwicklung essenzieller Führungsqualitäten – machen Sie von Zeit zu Zeit eine Übung daraus.

1. Wertschätzung: Delegieren Sie Aufgaben nicht von oben herab; achten Sie besonders auf die Formulierung und den Tonfall. Bringen Sie Ihren Mitarbeitern gegenüber eine wohlwollende Haltung zum Ausdruck.

2. Fordern statt Überfordern: Überzeugen Sie, motivieren Sie und vertreten Sie Ihre Machtposition deutlich, aber tun Sie es mit Bedacht und überschreiten Sie dabei nicht Ihre Grenzen. Machen Sie sich die Schritte Ihrer Forderungen stets bewusst und setzen Sie Ziele, die für den anderen erreichbar sind.

3. Mitgefühl als Teilaspekt der Konfliktkompetenz: Versuchen Sie sich in die Lage des anderen hineinzuversetzen, zeigen Sie möglichst einfühlsam Verständnis für seine Schwierigkeiten und bieten Sie gegebenenfalls Unterstützung an. Letztendlich wird das ganze Team davon profitieren. Und lassen Sie sich von schwierigen Mitarbeitern, Kollegen oder Kunden nicht in Ihrem Vorhaben entmutigen.

4. Bewahren Sie den Geist des Anfängers: Seien Sie offen für die Vielfalt der Möglichkeiten und bereit, Menschen und Dinge so zu sehen, als wäre es das erste Mal. Das bewahrt Sie vor Vorurteilen und davor, betriebsblind zu werden. Vielleicht entdecken Sie dabei eine Stärke Ihrer Mitarbeiter von

Neuem, die sie gewinnbringend in Ihrem Unternehmen oder Ihrer Abteilung einsetzen können.

Grundlagen achtsamer Kommunikation

Das Thema Achtsamkeit begleitet uns durch das ganze Buch. Und es sollte auch ein ständiger Begleiter in unserem Leben sein. Beim Autofahren kann Achtsamkeit Leben retten, in der Kindererziehung schafft gelebte Achtsamkeit mehr Nähe und lässt uns mit unseren Kindern wachsen. So kann achtsame zwischenmenschliche Kommunikation mehr Verständnis füreinander bedeuten, selbst wenn man dabei eine völlig gegensätzliche Position einnimmt. Wenden wir uns also den Kernpunkten zu, auf die es ankommt.

Als Zuhörer sollten Sie Folgendes beachten:
- Hören Sie aktiv zu und nehmen Sie bewusst die Körpersignale des Gegenübers wahr.
- Halten Sie Blickkontakt.
- Seien Sie präsent und bereit, sich in den Gesprächspartner einzufühlen.
- Seien Sie offen für die Botschaft.
- Urteilen Sie nicht vorschnell.

Als Sprecher sollten Sie Folgendes beachten:
- Beobachten Sie Ihr eigenes Gesprächsverhalten.
- Verleihen Sie Ihren Bedürfnissen Ausdruck durch „Ich-Botschaften".
- Gehen Sie verantwortungsvoll mit Vorwürfen um,

denn diese schaffen Distanz und drängen den Zuhörer in eine Verteidigungshaltung.

- Haben Sie keine Scheu vor Momenten der Stille.
- Spüren Sie, wann es an der Zeit ist, das Gespräch zu beenden.

Meditation kann Ihnen helfen, sich selbst und andere achtsam zu führen. Betrachten Sie diese Qualität als eine der neuen Soft Skills in einer sich verändernden Bewusstseinskultur der Unternehmen.

5.3 10 Tipps, um Meditation erfolgreich in den Alltag zu integrieren

1. Nutzen Sie kleine Pausen für eine kurze Achtsamkeitsübung in Verbindung mit der Konzentration auf dem Atem.
2. Steigern Sie Ihre Bewusstheit im Alltag, indem Sie automatisierte Handlungen bewusst durchführen.
3. Wählen Sie möglichst immer die gleiche Tageszeit für Ihre Übungspraxis.
4. Entwickeln Sie eigene Rituale, die Sie beim Meditieren begleiten.
5. Schaffen Sie sich zu Hause eine eigene Wohlfühl-Oase, wo Sie der Meditation ungestört nachgehen können.

6. Seien Sie geduldig mit sich selbst und setzen Sie sich nicht unter Druck.

7. Beobachten Sie, wie sich Meditation auf Ihren Alltag und Ihr Wohlbefinden auswirkt, und lassen Sie sich davon motivieren. Eine gute Möglichkeit dazu bietet ein Meditationstagebuch.

8. Machen Sie das „stille Örtchen" zu einem Ort der Besinnung. Nehmen Sie hier eine Auszeit und lassen Sie sich nicht hetzen.

9. Trauen Sie sich, unter Gleichgesinnte zu gehen, und probieren Sie einmal eine Meditation in der Gruppe aus. Das kann durchaus eine tiefe und positive Erfahrung werden und verhindern, dass Sie einer Routine verfallen.

10. Schieben Sie Ihre Meditationspraxis nicht auf – starten Sie am besten noch heute!

Möglichkeiten, Kurzmeditation in den Alltag einzubauen, gibt es viele. Integrieren Sie sie in Ihren Tagesablauf, um Ihren eigenen Wegweiser durch den Leistungsdschungel zu finden. Lassen Sie ab heute Achtsamkeit walten – mit sich selbst und mit anderen. Das wird Ihnen helfen, Ruhe und Beständigkeit zu kultivieren.

Fast Reader

1. Einführung in die Meditation

Lösen Sie sich von den Vorurteilen, Meditation sei nur etwas für Yogafreaks und Räucherstäbchenfanatiker. Denn in Wirklichkeit bietet sie uns eine Möglichkeit, mehr Work-Life-Balance und damit mehr Lebensqualität und Wohlbefinden zu erlangen und eine annehmende und wohlwollende Haltung uns und anderen gegenüber zu kultivieren. Sie entschleunigt den Alltag und entspannt Körper und Psyche.

Meditation ist eine kulturübergreifende Technik, die völlig frei von spirituellen Werten praktiziert werden kann. Die Übungen sind einfach, gut nachvollziehbar und beinahe für jeden geeignet. Regelmäßig praktiziert, stärken sie Ihre intuitive Kompetenz und Ihr Selbstvertrauen. Sie werden zufriedener, gelassener und bringen mehr Achtsamkeit in Ihr Leben. Da es sich um einen aktiven Prozess handelt, trainieren Sie zugleich Ihr Gehirn, aktivieren Ihr Immunsystem und stärken Ihre Selbstheilungskräfte.

30 *Alles, was Sie für eine Sitzmeditation brauchen, ist …*

- *ein aufrechter Sitz,*
- *ein Mudra, um den Geist klar und wach zu halten,*
- *eine Affirmation zur Einstimmung und*
- *Geduld mit sich selbst.*

2. Kurzmeditationen für einen guten Start in den Tag

Ein Lachen hat viele positive Effekte und eignet sich hervorragend, um in den Tag zu starten. Wecken Sie Ihre Lebensgeister mit einem sanften inneren Lächeln oder entscheiden Sie sich für einen Lachcocktail mit Zutaten Ihrer Wahl. Lassen Sie dabei ein Gefühl der Zufriedenheit aufsteigen, packen Sie ein Lachpäckchen oder wechseln Sie die Perspektive mithilfe eines fiktiven Gesprächspartners.

Wenn Sie den Morgen stattdessen aktiv angehen wollen, dann bieten sich Atemübungen dazu an. Atmen Sie chaotisch, d. h. ohne festen Rhythmus, durch die Nase und konzentrieren Sie sich dabei auf die Ausatmung, für die Einatmung sorgt der Körper selbst. Als Nächstes vertiefen Sie den Kontakt zu Ihrem Körper durch Klopfungen und spüren in Stille nach.

Oder aber Sie nutzen den Sonnengruß als mentale Dusche. Dazu bringen Sie die Sonne mittels Ihrer Vorstellungskraft als eine kraftvolle, klare und wärmende Lichtquelle in Ihr Herz und fluten den Körper mit Vitalität und den Geist mit Klarheit für den bevorstehenden Tag.

Zehn Minuten am Morgen reichen aus, um sich auf den Tag einzustimmen. Nutzen Sie diese kostbare Zeit, um entspannt und mit mehr Achtsamkeit den Anforderungen, die an Sie gestellt werden, zu begegnen. Denn nichts ist so wertvoll wie ein guter „Draht" zu sich selbst und seinem Körper. Ganz gleich, ob Sie dabei ...

- **das Lachen,**
- **die Dynamik oder**
- **Ihre Vorstellungskraft nutzen.**

3. Kurzmeditationen für mehr Gelassenheit am Arbeitsplatz

Ihr Arbeitsplatz bietet Ihnen sicher die eine oder andere Möglichkeit, sich zu sammeln, nach innen auszurichten und zu fokussieren. Mit ein wenig Neugier und Kreativität wird es Ihnen gelingen, Zeit für eine Meditation zu finden. Wenn Sie Schwierigkeiten damit haben, sich im Tagesgeschäft solche Zeiten zu nehmen, machen Sie einen verbindlichen Termin mich sich selbst daraus und tragen Sie ihn in Ihren Terminkalender ein.

Da der Atem Ihr ständiger Begleiter ist, können Sie ihn gut für eine Achtsamkeitsübung zwischendurch nutzen. Sie können den Atem wahrnehmen, lenken, Ihre Atemzüge zählen oder eine Gedankennotiz als Fokus auswählen.

Die Mittagspause lädt zudem zu einer Meditation ein, in welcher der Genuss und das bewusste Essen im Vordergrund stehen. So können Sie mehr für Ihre Gesundheit tun und zugleich mehr über sich selbst erfahren. Auch im Stehen oder beim Gehen lässt sich das Bewusstsein gezielt schärfen und die Aufmerksamkeit erhöhen.

Und wem das alles nicht zusagt, der kann den Schultergruß zum Lockern der verspannten Schulter-Nacken-Partie ausprobieren.

 **Die Dauer einer durchschnittlichen Zigarettenpause beläuft sich auf sieben bis zehn Minuten. Wenn Sie in die Übungspraxis der Meditation so viel Zeit am Arbeitsplatz investieren wie ein Raucher in drei Zigaretten, dann haben Sie an diesem Tag bereits enorm viel für Ihre Gesundheit getan. Probieren Sie es aus! Nutzen Sie dazu ...**

- **Ihren Atem,**
- **die nächste Mahlzeit,**
- **Ihre Füße als Antennen und**
- **den Schultergruß, um Spannungen zu lösen.**

4. Kurzmeditationen für einen entspannten Feierabend

Der Feierabend eignet sich ganz besonders für eine etwas längere Meditationseinheit. Dazu bietet sich der Körper-Scan geradezu an. Entwickelt von Jon Kabat-Zinn und verankert in der MBSR-Methode, stellt er ein bewährtes und weltweit anerkanntes Konzept zur Stressbewältigung dar. Hierzu rufen Sie die einzelnen Körperareale in Gedanken methodisch ab und bringen sich dabei in einen ruhigen und entspannten Zustand.

Wenn Sie jedoch aktiv in den Feierabend starten wollen, steht Ihnen mit einem Yogawalk nichts im Wege. Ein Yogawalk verbindet ein sanftes Herz-Kreislauf-Training mit den Vorzügen einer Meditation. Genau das Richtige für ein gesundes Herz und eine geistige Verschnaufpause.

Der Mondgruß mit seinen vier Phasen bildet als Kontrastprogramm einen knackigen Tagesabschluss und sorgt für einen erholsamen Schlaf. Probieren Sie den Yogalöwen aus, der sich als Übung für emotionale Ausgeglichenheit eignet und oft und gerne für gute Laune im Büro sorgt.

Gehen Sie intuitiv vor und entscheiden Sie aus dem Bauch heraus, welche Form der Meditation für Ihren Feierabend die richtige ist.

30 *Wertschätzen Sie Ihren Körper als Leistungsträ-ger, ohne dabei den Geist zu vernachlässigen. Mit ein wenig Übung wird es Ihnen gelingen, eine Balance zu finden und ein Wohlgefühl daraus zu entwickeln.*

5. Was Sie sonst noch wissen sollten

Beim Meditieren ist der Weg das Ziel. Hindernisse, die uns dabei begegnen, lassen sich meist mit et-was Geduld und Zuversicht aus dem Weg räumen. Dazu bietet Ihnen dieses Buch eine handfeste An-leitung. Mit der Zeit werden Sie die Meditation als wichtigen Bestandteil Ihrer Denkhygiene betrach-ten. Sie werden bald merken, dass nicht nur der Körper zur Gesunderhaltung Pflege bedarf, son-dern auch der Geist Zuwendung erfahren muss, um gesund zu bleiben. Dann erst kann ganzheit-lich ein Gefühl des Wohlergehens und der Zufrie-denheit entstehen.

Helfen Sie nicht mit Medikamenten nach, wenn es darum geht, den beruflichen Anforderungen ge-recht zu werden. Diese werden Ihrer Gesundheit nur schaden, während die Meditation Ihr Leben bereichern wird. Gehen Sie offen mit dem Thema um und üben Sie sich regelmäßig darin, die Grundregeln achtsamer Selbstführung in Ihr Tun und Ihre neu gewonnene Sichtweise der Dinge zu integrieren. Sie können sicher sein, Ihre Umwelt wird diesen Unterschied spüren und positiv bewerten. Vielleicht gelingt es Ihnen, Ihre Kollegen, Freunde oder Familienmitglieder mit Ihrer Ausstrahlung anzustecken und auf den Geschmack der Meditation zu bringen. Spätestens dann spricht nichts dagegen, sich gegenseitig an die Verbindlichkeit dieser Übungspraxis zu erinnern und zu motivieren.

Grundsätzlich ist das Führungsprinzip der Achtsamkeit eine berufs- und situationsübergreifende Form der ressourcenorientierten Auseinandersetzung mit den eigenen und fremden Fähigkeiten und Bedürfnissen. Die Meditation stellt in diesem Zusammenhang ein effektives Werkzeug dar, dessen Sie sich nach Herzenslust und entsprechend Ihrem Bedarf bedienen dürfen. Entscheidend dabei ist nur, dass Sie es auch tatsächlich tun!

Führungskräften bietet Achtsamkeit die Möglichkeit, ihr Selbstverständnis zu erweitern und ihre Führungsverantwortung auf eine andere Basis zu stellen. Ganz nach dem Motto von Thich Nhat Hanh, einem buddhistischen Mönch und Meditationslehrer der heutigen Zeit:

„Alles, was wir für uns selbst tun, tun wir auch für andere, und alles, was wir für andere tun, tun wir auch für uns selbst."

Die Autorin

 Monika Alicja Pohl ist Physiotherapeutin und Fachwirtin für Prävention und Gesundheitsförderung (IHK). Als Inhaberin der Firma „Lebensstil Gesundheit" bietet sie individuelles Gesundheitscoaching und Lösungen im Rahmen betrieblicher Gesundheitsförderung an. Als Dozentin und Fachbuchautorin liegen ihr Themen zu Synergien für Körper, Geist und Seele besonders am Herzen. Diese vermittelt sie mit viel Charme und Humor. Ihr eigenes Konzept physio:oga® erobert zunehmend den zweiten Gesundheitsmarkt und wird bundesweit als Weiterbildung für medizinisch-therapeutische Fachkräfte angeboten.

Ihre Vision ist eine physio:oga®-Lounge in jedem führenden Unternehmen, um körperliche und mentale Achtsamkeitsübungen in den Arbeitsalltag zu integrieren.

Kontakt:
Lebensstil Gesundheit
Weiler Weg 22
53859 Niederkassel
Tel.: (02208) 909250
www.lebensstil-gesundheit.de

Weiterführende Literatur

- Eßwein, J. T.: Achtsamkeitstraining. Gräfe & Unzer Verlag, München, 2012.
- Harp, D./Feldman, N.: Meditieren in drei Minuten. Rowohlt Taschenbuch Verlag, Reinbek bei Hamburg, 2009.
- Kabat-Zinn, J.: Gesund durch Meditation. Fischer Verlag, Frankfurt am Main, 2009.
- Lehrhaupt, L./Meibert, P.: Stress bewältigen mit Achtsamkeit. Kösel Verlag, München, 2010.
- Litzcke, S. M./Schuh, H.: Stress, Mobbing und Burnout am Arbeitsplatz. Springer Verlag, Heidelberg, 2005.
- Ott, U.: Meditation für Skeptiker. O.W. Barth, München, 2010.
- Seiwert, L.: Wenn Du es eilig hast, gehe langsam. Campus Verlag, Frankfurt am Main, 2005.
- Sterzenbach, K.: 30 Minuten Business-Yoga. GABAL Verlag, Offenbach, 2010.
- Stock, C.: Achtsamkeitsmeditation. Trias Verlag, Stuttgart, 2012.
- Trökes, A.: Meditation für Anfänger. Verlag Via Nova, Petersberg, 2011.

Register

 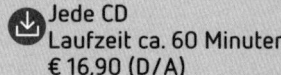

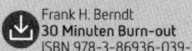

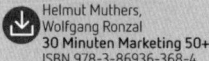